Thomas Bertel, Albrecht Kunz

Digitaltechnik: Grundlagen

GRIN Verlag

Bibliografische Information der Deutschen Nationalbibliothek:

Die Deutsche Bibliothek verzeichnet diese Publikation in der Deutschen National-
bibliografie; detaillierte bibliografische Daten sind im Internet über http://dnb.d-
nb.de/ abrufbar.

Impressum:

Copyright © 2013 GRIN Verlag GmbH
Druck und Bindung: Books on Demand GmbH, Norderstedt Germany
ISBN: 978-3-656-53991-9

Dieses Buch bei GRIN:

http://www.grin.com/de/e-book/263575/digitaltechnik-grundlagen

Vorlesungsbegleitendes Skript zur

DIGITALTECHNIK

(Version 2.2)

$$Y = (A \wedge \overline{B}) \vee (\overline{B} \wedge C)$$

Prof. Dr. A. Kunz

0110 0101 1100

Fakultät IngWi

$$\overline{Z = A \oplus B}$$

Hochschule für
Technik und Wirtschaft
des Saarlandes

© 2013

(112 Abbildungen und 48 Tabellen)

<u>Vorwort</u>

Das vorliegende Skript wurde als ergänzendes Hilfsmittel zur Vorlesung

Digitaltechnik

entworfen und niedergeschrieben. Es enthält alle relevanten Themengebiete der oben angegebenen Vorlesung. Die Themen sind in der Reihenfolge der Vorlesung gestaffelt.

Die Digitaltechnik ist ein Themengebiet mit dem sich jeder, ob Laie oder Akademiker, tagtäglich bewusst oder unbewusst beschäftigt. Im Umfang dieser Vorlesung kann lediglich auf die erweiterten Grundlagen eingegangen werden, da das Gebiet der Digitaltechnik Bücher füllt. Besonders Interessierte möchte ich auf das Literaturverzeichnis verweisen. Dort sind die gängigsten Bücher zu den hier beschrieben Themen aufgelistet.

Dieses Skript hat bezüglich der Klausur keinen Anspruch auf Vollständigkeit. Der Besuch der Vorlesung ist somit unabdingbar, um die Klausur mit einer befriedigenden Leistung zu absolvieren.

Ergänzend zur Vorlesung werden 11 Übungsblätter und diverse Übungsklausuren angeboten die das Verständnis der Skriptinhalte festigen sollen.

Ich danke Herrn Thomas Bertel, der dieses Manuskript erstellt hat. Weiterhin danke ich den Studierenden die während der Vorlesung stets kritische Rückfragen stellen und das vorliegende Skript somit kontinuierlich verbessern.

Saarbrücken, im August 2013   Prof. Dr.-Ing. Albrecht Kunz
(Version 2.2)   (Thomas Bertel)

Inhaltsverzeichnis

Inhaltsverzeichnis

1. Einleitung

1.1 Begriffsdefinitionen

Die Digitaltechnik befasst sich mit der Umsetzung von analogen (wertkontinuier-lichen) in digitale (wertdiskrete) Signale und umgekehrt (ADU: Analog-Digital-Umwandlung / DAU: Digital-Analog-Umwandlung).

Die Verarbeitung und Darstellung von Informationen ist mit eingeschränkten Zeichenvorrat gegeben (0 / 1; high / low; wahr / falsch). Dieser eingeschränkte Zeichensatz dient zur einfachen physikalischen Realisierung. Demnach werden zwei Wertigkeiten verwendet:

Anwendungsbereich	Form
Digitaltechnik	„0" oder „1"
Aussagelogik	„wahr" oder „falsch"
Physik	„low" oder „high"

Tabelle 1.1.1: Anwendungsbereich der digitalen Wertigkeiten

Herkunft „digital":

Digitus (lat.) = Finger   → Semantik: Mit Hilfe der Finger

Digit (engl.) = Ziffer, Stelle   → Semantik: in abzählbarer Form

1.2 Vor- und Nachteile der Digitaltechnik

Vorteile:

- Digitale Signale lassen sich einfacher und weniger störanfällig übertragen. Sie unterliegen keiner Fehlerfortpflanzung.
- Digitale Signale lassen sich leicht kodieren (dekodieren) und sind somit gut zur Datenübertragung auch für weite Strecken geeignet.
- Digitale Signale lassen sich leicht konstruieren. Sie lassen sich einfach in Rechnern, Mikroprozessoren, Gatterbausteinen verarbeiten und speichern.
- Miniaturisierung elektronischer Bauelemente / höhere Leistungsfähigkeit der Bauelemente (Speicherkapazität, Rechnerleistung, Transistorenzahl) führt zu zunehmender Digitalisierung.

Nachteile:

- Digitale Systeme sind langsamer als analoge Systeme. In der Hochfrequenztechnik dominiert die Analogtechnik.

- Anzahl der benötigten Schaltungsbestandteile ist um ein Vielfaches höher als bei analogen Systemen (wird durch eine hohe Integrationsdichte auf entsprechende Chips kompensiert).

- Informationsverlust bei der Umwandlung analoger in digitale Informationen. Mathematisch kann dieses Phänomen als Rundungsfehler bezeichnet werden, welcher aufgrund der stets begrenzten Anzahl von Stellen immer auftritt.

- Analoge Anzeigen sind anschaulicher und schneller zu erfassen, weil Proportionen dargestellt werden. (Vergleiche Wertetabelle (digital) und Balkendiagramm (analog)).

1.3 Digitale / Binäre Signale

Digitale Signale oder Größen bestehen aus abzählbaren Elementen. Die Elemente können 2, 3 oder mehr Zustände haben:

- Binäre Signale: Es gibt genau zwei Zustände (Binäre Digitaltechnik),
- Digitale Signale: Es gibt mehrere, endliche Zustände.

Zum Verständnis verwenden wir den Begriff Digitaltechnik für binäre Signale. Es gibt immer nur 2 Zustände (wahr/falsch, 0/1, low/high).

Die Information von binären Signalen erfolgt sequentiell mit der Zeit. Ein einzelnes binäres Zeichen wird Bit genannt. Folgende Konventionen sind weiterhin im Umfang dieser Veranstaltung gängig:

	4bit: Halbbyte Nibble
	8bit: Byte Oktett
	16bit: Wort
	32bit: Doppel- wort

Abb. 1.3.1: Bit – Definition

Die digitalen Signale werden mithilfe von Spannungen übertragen. Es gibt verschiedene Logik-Familien (TTL, CMOS, ...), die mit verschiedenen Spannungspegeln zu Detektion der beiden Zustände arbeiten.

Beispiele für Spannungen sind hierbei:

Fall	High	Low
1	+1,8 V	0 V
2	+3,3 V	0 V
3	+5 V	0 V
4	+12 V	0 V
5	+12 V	-12 V

Tab. 1.3.1: Auszug von Spannungspegeln verschiedener Logikfamilien

Bei den Pegeln aus Tab. 1.3.1 ist darauf zu achten, dass sie lediglich einen Wert für die jeweilige Logikfamilie angeben. Aus den Datenblättern der verschiedenen Bausteine ist aber zu entnehmen, dass die tatsächlichen High- und Low- Pegel nicht an festen Spannungen sondern an Spannungsbereiche orientiert sind. Um der verwendeten Logik zu genügen muss der angelegte Pegel also in den vorgegebenen Spannungsbereich passen um eine korrekte Verarbeitung des Signals zu gewährleisten. Ebenso ist darauf zu achten, dass in den Datenblättern die Ausgänge eines Logikbausteins ebenfalls keine feste Spannung sondern vielmehr einen Spannungsbereich angeben.

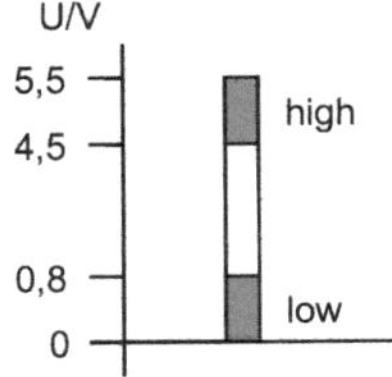

Abb. 1.3.2: Spannungsbereiche in der Digitaltechnik (Beispiel TTL)

2. Mathematische Grundlagen

2.1 Die boolesche Funktion

Die gewohnte Schreibweise einer Funktion F von n Variablen gilt hier für einen Spezialfall von Variablenwerten aus der zweielementigen Menge {0, 1}.

$$Y = F(X_1, ..., X_n) \qquad (2.1.1)$$

Dabei muss man sich unter den Symbolen 0 und 1 nicht notwendig die ganzen (reellen) Zahlen 0 und 1 vorstellen, sondern einfach die beiden Elemente des Binärraums B^1 = {0, 1}. Wichtig ist, dass bei booleschen Funktionen auch der Funktionswert Y nur 0 oder 1 sein kann. In moderner Notation schreibt man für boolesches F auch

$$F : B^n \rightarrow B^1. \qquad (2.1.2)$$

B^n ist dabei der n-dimensionale Binärraum im Sinne des kartesischen Produktes (x):

$$B^n = \underset{(1)}{B^1} \times \underset{(2)}{B^1} \times .... \times \underset{(n)}{B^1} = \left\{ \left(\underset{(1)}{0}, \underset{(2)}{0}, ..., \underset{(n)}{0} \right), ..., (1,1,...,1) \right\}, \qquad (2.1.3)$$

also die Menge aller 2^n geordneten n-Tupel mit Elementen aus B^1. Man nennt diese n-Tupel auch n-dimensionale Binärvektoren. F nach (2.1.2) bildet also derartige Vektoren auf die Menge {0, 1} ab. Für n = 3 lautet (2.1.3) beispielsweise

$$B^3 = \{(0,0,0),(0,0,1),(0,1,0),(0,1,1),(1,0,0),(1,0,1),(1,1,0),(1,1,1)\} \qquad (2.1.4)$$

2.1.1 Alle Funktionen einer Variablen

Eine reelle Funktion $Y = F(X_1)$ wird graphische gerne mittels eines Koordinatensystems wie in Abb. 2.1.1.1 zu sehen dargestellt. Die Darstellung einer booleschen Funktion vereinfacht sich für ein reelles B^1. Die Bilder 2.1.1.2a bis 2.1.1.2d zeigen sämtliche booleschen Funktionen einer Variablen. Die Tabelle 2.1.1.1 die zugehörigen Funktionstafeln (Wahrheitstabellen).

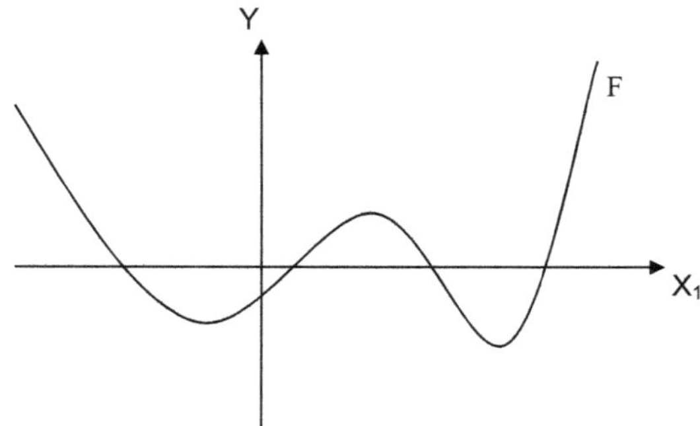

Abb. 2.1.1.1: Graphische Darstellung einer reellen Funktion einer reellen Variablen

Wird Tabelle 2.1.1.1 um 90° im Uhrzeigersinn gedreht, sind die Funktionsspalten gerade die dual codierten Funktionsindizes. Beispielsweise ergibt die Spalte zu $F_1 : 01_2 = 1$.

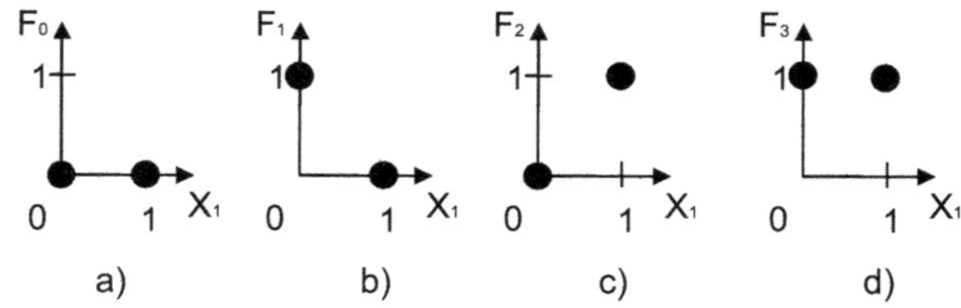

Abb. 2.1.1.2: Graphische Darstellung aller booleschen Funktionen
einer Variablen

X1			Y	
	F0	F1	F2	F3
0	0	1	0	1
1	0	0	1	1
Abb. 2.1.1.2	a)	b)	c)	d)

Tab. 2.1.1.1: Alle booleschen Funktionen einer Variablen

Die algebraischen Darstellungen zu Tabelle 2.1.1.1 lauten

$$F_0(X_1) = 0 \; ; \; F_1(X_1) = \overline{X_1} \; ; \; F_2(X_1) = X_1 \; ; \; F_3(X_1) = 1 \quad , \qquad (2.1.1.1)$$

wobei F_1 offenbar stets sein Argument invertiert.

Definition (Negation):

$\overline{X_1}$ heisst Negation (Verneinung) von X_1. Es können auch Funktionen negiert werden. Aus (2.1.1.1) folgt beispielsweise

$$\overline{F}_2(X_1) := \overline{F_2(X_1)} = F_1(X_1) \; . \qquad (2.1.1.2)$$

Definition (Literal):

Die Größe $\widetilde{X} \in \{X, \overline{X}\}$, die also wahlweise X oder $\widetilde{X}$ sein kann, heißt Literal. Literale sind nützlich, wenn man auch negierte Variablen als Quasivariablen nutzen möchte, z.B. wenn die Ausführung der Negation keine Mühe bereitet.

2.1.2 Alle Funktionen zweier Variablen

Boolesche Funktionen von zwei Variablen $X_1, X_2 \in B^1$ kann man gemäß Abb. 2.1.2.1 veranschaulichen.

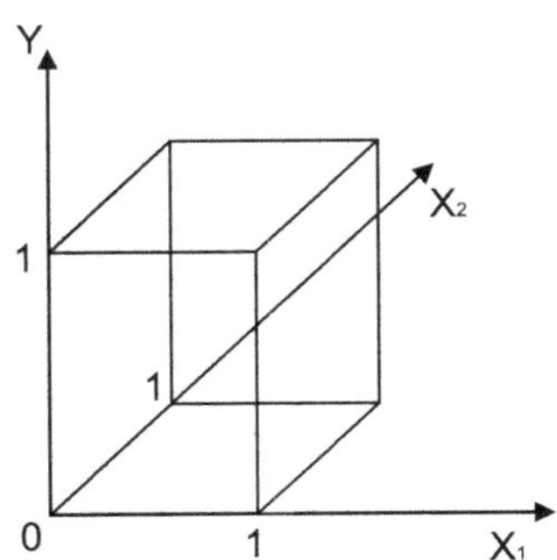

Abb. 2.1.2.1: Einheitswürfel zur Darstellung boolescher Funktionen

von zwei Variablen

Auch in Tabelle 2.1.2.1 sind die Spalten-n-Tupel von unten nach oben gelesen die dualcodierten Funktionsindizes.

Beispielsweise ergibt die Spalte zu F1 : 0101_2 = 5.

X_1	X_2	F_0	F_1	F_2	F_3	F_4	F_5	F_6	F_7
0	0	0	1	0	1	0	1	0	1
0	1	0	0	1	1	0	0	1	1
1	0	0	0	0	0	1	1	1	1
1	1	0	0	0	0	0	0	0	0

X_1	X_2	F_8	F_9	F_{10}	F_{11}	F_{12}	F_{13}	F_{14}	F_{15}
0	0	0	1	0	1	0	1	0	1
0	1	0	0	1	1	0	0	1	1
1	0	0	0	0	0	1	1	1	1
1	1	1	1	1	1	1	1	1	1

Tab. 2.1.2.1: Tabelle aller booleschen Funktionen zweier Variablen

Einige der zweistelligen Funktionen haben Namen die in der folgenden Tabelle aufgelistet sind:

Funktion	Bedeutung (Name)	Infix- Schreibweise
$F_8(X_1, X_2)$	Konjunktion (UND-Funktion)	$X_1 \wedge X_2$
$F_{14}(X_1, X_2)$	Disjunktion (ODER-Funktion)	$X_1 \vee X_2$
$F_7(X_1, X_2)$	NAND (NOT AND)	$X_1 \overline{\wedge} X_2 := \overline{X_1 \wedge X_2}$
$F_1(X_1, X_2)$	NOR (NOT OR)	$X_1 \overline{\vee} X_2 := \overline{X_1 \vee X_2}$
$F_6(X_1, X_2)$	Antivalenz	$X_1 \oplus X_2$
$F_9(X_1, X_2)$	Äquivalenz	$\overline{X_1 \oplus X_2}$

Tab. 2.1.2.2: Tabelle Prominente Funktionen zweier Variablen

Die Operatoren sind also im Einzelnen:

-       Überstreichung für die Negation

$\wedge$ für logisches UND ($\wedge$ vom lateinischen aut)

$\vee$ für logisches ODER ($\vee$ vom lateinischen vel)

$\overline{\oplus}$ für die Äquivalenz

$\oplus$ für die Antivalenz

Üblicherweise werden die Überstreichungen zur Negation nicht nur über dem Operanden, sondern in der Regel auch über den Variablen angewendet. Beide Formen sind korrekt, jedoch führt die einfach Negation des Operanden oft zu Verwirrungen:

$$A\overline{\vee}B = \overline{A} \vee \overline{B} \tag{2.1.2.1}$$

Bezüglich der Notation ist es international üblich, das Konjunktionszeichen wegzulassen. Das geht gut dank der Vorrangregel „Konjunktion vor Disjunktion, Äquivalenz, Antivalenz", wobei für die letzten drei Operationen keine Vorrangregel üblich ist. Beispielsweise gilt:

$$\left(X_1 \wedge X_2\right) \oplus X_3 = X_1 X_2 \oplus X_3 \tag{2.1.2.2}$$

Die nahe liegende Ausdrucks weise von „$X_1 mal X_2$" sollte jedoch vermieden werden.

2.1.3 Funktionen von n Variablen

Bei mehr als zwei Variablen wird jede graphische Darstellung zunehmend schwierig. Gewiß kann ein Hyperwürfel gezeichnet und in jeden Koordinaten-n-Tupel-Punkt der jeweilige Funktionswert eingetragen werden, allerdings wird diese Zeichnung bei $n \geq 4$ auch sehr unübersichtlich. Daher muss man sich bei Problemstellungen mit n Variablen mehr und mehr der Algebra anvertrauen.

Boolesche Funktionen sind auch für $n > 2$ durch Funktionstafeln darstellbar (vgl. Tab. 2.1.3.1). Dabei bedeutet $W_{F,i}$: Wahrheitswert (Funktionswert) zum i-ten Argument von F. Nach (2.1.2) gilt stets $W_{F,i} \in \{0,1\}$.

Bezüglich der Funktionen einer Variablen sei an Tabelle 2.1.1.1 erinnert. Funktionstafeln boolescher Funktionen von n Variablen haben stets 2^n Zeilen, wobei in der F-Spalte jeweils 0 oder 1 steht.

Nr	$\underline{X}$	F
0	$0 \dots 0\,0$	$W_{F,0}$
1	$0 \dots 0\,1$	$W_{F,1}$
2	$0 \dots 1\,0$	$W_{F,2}$
3	$0 \dots 1\,1$	$W_{F,3}$
...	...	...
$2^n - 1$	$1 \dots 1\,1$	$W_{F,2^n-1}$

Tab. 2.1.3.1: Funktionstafel mit „Wahrheits"-Werten $W_{F,i}$ von $F(\underline{X})$;

Jede Funktion F hat ihre eigene „Funktions-Spalte"

2.2 Boolesche Algebra

Die boolesche Algebra umfasst eine Menge boolescher Objekte und ein Bündel von Rechenregeln, nach denen aus gegebenen Objekten neue bestimmt werden können. Da diese Objekte nicht nur Variablen, sondern auch Funktionen oder (boolesche) Teile von ihnen sein können, werden nun als „Variablen" die Symbole A, B, C, ... (evtl. mit Indizes) benutzt.

2.2.1 Ein Axiomsystem

Seien A, B, C, ... boolesche Größen, also A, B, C, ... $\in \{0, 1\}$. Folgende Axiome sollen das Rechnen mit booleschen Größen bestimmen:

a) Kommutativgesetz der Konjunktion:
$$A \wedge B = B \wedge A . \tag{2.2.1.1}$$
b) Idempotenzgesetz der Konjunktion:
$$A \wedge A = A . \tag{2.2.1.2}$$
c) Kommutativgesetz der Disjunktion:
$$A \vee B = B \vee A . \tag{2.2.1.3}$$

d) Idempotenzgesetz der Disjunktion:
$$A \vee A = A . \tag{2.2.1.4}$$
e) Assoziativgesetz der Konjunktion:
$$A \wedge (B \wedge C) = (A \wedge B) \wedge C . \tag{2.2.1.5}$$

f) Assoziativgesetz der Disjunktion:

$$A \vee (B \vee C) = (A \vee B) \vee C.$$ (2.2.1.6)

g) Erstes Distributivgesetz:

$$A \wedge (B \vee C) = (A \wedge B) \vee (A \wedge C).$$ (2.2.1.7)

h) Zweites Distributivgesetz:

$$A \vee (B \wedge C) = (A \vee B) \wedge (A \vee C).$$ (2.2.1.8)

i) Existenz des Identitätselements der Konjunktion:

$$1 \wedge A = A.$$ (2.2.1.9)

j) Existenz des Identitätselements der Disjunktion:

$$0 \vee A = A.$$ (2.2.1.10)

Als Grundlage aller Rechenoperationen gilt die Funktionstafel der Konjunktion und Disjunktion:

A	B	$A \wedge B$	$A \vee B$	$\overline{A}$
0	0	0	0	1
0	1	0	1	1
1	0	0	1	0
1	1	1	1	0

Tab. 2.2.1.1: Grundlegende Funktionstafel der
Konjunktion und Disjunktion

2.2.2 Wichtige Rechenregeln

Neben den Axiomen aus dem vorherigen Abschnitt werden häufig die folgenden Rechenregeln benutzt:

$$\overline{\overline{A}} := \overline{\left(\overline{A}\right)} = A$$ (2.2.2.1)

$$0 \wedge A = 0$$ (2.2.2.2)

$$1 \vee A = 1$$ (2.2.2.3)

Weiterhin kommen verschiedene Absorptionsregeln zum Gebrauch die einen booleschen Ausdruck umformen/kürzen:

$$A \vee (A \wedge B) = A \qquad \rightarrow \text{kürzer:} \quad A \vee AB = A$$ (2.2.2.4)

$$A \wedge (A \vee B) = A \qquad \rightarrow \text{kürzer:} \quad A(A \vee B) = A \qquad (2.2.2.5)$$

$$(A \wedge B) \vee (A \wedge \overline{B}) = A \qquad \rightarrow \text{kürzer:} \quad AB \vee A\overline{B} = A \qquad (2.2.2.6)$$

$$\dots \qquad\qquad \dots$$

Neben den bislang vorgestellten Regeln und Axiomen sind die wahrscheinlich wichtigsten Rechenregeln die von *De Morgan*. Diese Regeln befassen sich mit der Umformung boolescher Funktionen durch Ändern der Negation, Operanden und Variablen:

$$\overline{A \vee B} = \overline{A} \wedge \overline{B} = \overline{A}\,\overline{B} \qquad (2.2.2.7)$$

und

$$\overline{AB} = \overline{A \wedge B} = \overline{A} \vee \overline{B} \qquad (2.2.2.8)$$

(2.2.2.8) ergibt sich leicht aus (2.2.2.7) mit Hilfe von (2.2.2.1): Liest man (2.2.2.7) von Rechts nach Links, so erhält man den Ersatz von A bzw. B durch $\overline{A}$ bzw. $\overline{B}$ nach (2.2.2.1)

$$A \wedge B = \overline{\overline{A} \vee \overline{B}} \; . \qquad (2.2.2.9)$$

Zwei weitere wichtige Rechenregeln betreffen die Darstellung (den Ersatz) von Antivalenz und Äquivalenz durch UND, ODER und NICHT. Es gelten

$$A \oplus B = A\overline{B} \vee \overline{A}B \qquad (2.2.2.10)$$

für die Antivalenz bzw.

$$\overline{A \oplus B} = AB \vee \overline{A}\,\overline{B} \qquad (2.2.2.11)$$

für die Äquivalenz.

Gelegentlich werden zur Verkürzung von Rechnungen gern die folgenden Regeln für die Antivalenz angewandt:

$$0 \oplus A = A \qquad (2.2.2.12)$$

$$1 \oplus \overline{A} = A \qquad (2.2.2.13)$$

Negation boolescher Ausdrücke:

Neben den obigen Regeln gibt es noch den shannonschen Inversionssatz, der die Negation beliebig komplizierter boolescher Ausdrücke betrifft.

SATZ: Shannonscher Inversionssatz

Jede nur mit den Operatoren UND, ODER und NICHT gebildete Schaltfunktion kann dadurch negiert werden, dass die Operatoren für UND und ODER miteinander vertauscht werden und jedes Literal negiert wird.

Beispiel:

$$\begin{aligned}
F(X_1,...,X_4) &= X_1\overline{\left(\overline{X_2} \vee X_3\right)} \vee \left[\overline{X_1}X_4\left(X_2 \vee \overline{X_3}\right) \vee \overline{X_4}\right]X_2 \\
&= \left\lfloor X_1\overline{\left(\overline{X_2} \vee X_3\right)}\right\rfloor \vee \left\{\left\{\left[\overline{X_1}X_4\left(X_2 \vee \overline{X_3}\right)\right] \vee \overline{X_4}\right\}X_2\right\}
\end{aligned}$$

(2.2.2.14)

Wobei die letzte Klammer ausführlich geklammert ist. Danach wird der Shannonsche Inversionssatz angewendet:

$$\overline{F} = \left(\overline{X_1} \vee \overline{X_2\overline{X_3}}\right)\left[\left(X_1 \vee \overline{X_4} \vee \overline{X_2}X_3\right)X_4 \vee \overline{X_2}\right]$$

(2.2.2.15)

2.3 Dualzahlen

2.3.1 Umwandlung von Dualzahlen

Dualzahlen sind Zahlen die mit den Ziffern 0 und 1 gebildet werden. Innerhalb einer n-stelligen Dualzahl c hat die i-te Stelle von Rechts den Wert 2^{i-1}, d.h. die Dualzahl

$$c = \left(B_{n-1}...B_2 B_1 B_0\right)_2$$

(2.3.1.1)

hat den gleich bezeichneten Zahlenwert

$$c = B_0 + B_1 \cdot 2^1 + B_2 \cdot 2^2 + ... + B_{n-1} \cdot 2^{n-1} \; ; \quad B_0, B_1,..., B_{n-1} \in \{0,1\} \, ,$$

(2.3.1.2)

wobei 0 und 1 die ganzen Zahlen Null und Eins sind.

Beispiel:

$$\left(11001\right)_2 = 11001 = 1\cdot 2^4 + 1\cdot 2^3 + 0\cdot 2^2 + 0\cdot 2^1 + 1\cdot 2^0 = 16 + 8 + 1 = 25 \,. \qquad (2.3.1.3)$$

Bei der umgekehrten Umwandlung von Dezimalzahlen in Dualzahlen, müssen probeweise alle Zehnerpotenzen gebildet werden, bis erstmal mindestens die Dezimalzahl erreicht ist. Ist beim n-ten Vergleich erwiesen, dass c eine Zweierpotenz ist, so ist offenbar

$$b = 2^{n-1} = \underset{(1)}{1}\ \underset{(2)}{0} \ ... \ \underset{(3)}{0}\ ... \ \underset{(n)}{0} \,. \qquad (2.3.1.4)$$

Andernfalls gilt offenbar

$$2^{n-2} < b < 2^{n-1} \qquad (2.3.1.5)$$

Beispiel zur Umrechnung Dezimal → Dual:

Die Zahl c = 73 soll als Dualzahl dargestellt werden. Als Hilfestellung dienen die Ergebnisse aus den Zweierpotenzen.

2^0	2^1	2^2	2^3	2^4	2^5	2^6	2^7
1	2	4	8	16	32	64	128

Tab. 2.3.1.1: Zweierpotenzen

Berechnung:

$\quad$ 64 < 73 < 128 → c = 1.... = 64 + ... $\qquad$ (2^6)

Zu konvertieren bleibt

$\quad$ 73 − 64 = 9 .

Offenbar gilt wiederum:

$\quad$ 8 < 9 < 16 → c = 1001... = 64 + 8 + ... $\qquad$ (2^3)

Zu konvertieren bleibt

$\quad$ 9 − 8 = 1 --> c = 1001001 = 64 + 8 + 1 = 73. $\quad$ (2^0)

Antwort: $\qquad$ 73_{10} = 1001001_2

Die Umwandlung der Dualzahl in andere Zahlensysteme funktioniert nach dem gleichen Prinzip wie die Umrechnung von Dual nach Dezimal oder umgekehrt. Die am häufigsten vorkommenden Zahlensysteme sind dabei die Oktal- und Hexadezimalsysteme. Die Oktalzahlen haben dabei einen Wertebereich von 0_8, ... , 7_8 (000_2 ... 111_2) und hexadezimale Zahlen von 0_{16}, ... , F_{16} (0000_2 ... 1111_2)

Beispiel für Oktalzahldarstellung:

$$(001 \quad 011 \quad 001 \quad 110 \quad 101 \quad 001)_2$$
$$\downarrow \quad \downarrow \quad \downarrow \quad \downarrow \quad \downarrow \quad \downarrow$$
$$(1 \quad 3 \quad 1 \quad 6 \quad 5 \quad 1)_8$$

Beispiel für Hexadezimaldarstellung

$$(1011 \quad 0011 \quad 1010 \quad 1001 \quad 1010 \quad 0010)_2$$
$$\downarrow \quad \downarrow \quad \downarrow \quad \downarrow \quad \downarrow \quad \downarrow$$
$$(B \quad 3 \quad A \quad 9 \quad A \quad 2)_{16}$$

2.3.2 Rechenoperationen mit Dualzahlen

Grundsätzlich gilt, dass vor jeder Rechenoperation die zu behandelten Zahlen im gleichen Zahlensystem vorhanden sind. Gegebenenfalls müssen alle Zahlen in Dualzahlen gewandelte werden bevor mit der Rechenoperation begonnen werden kann. Die Probe der richtigen Berechnung kann in jedem Zahlensystem vollzogen werden. Es bietet sich an, diese Probe parallel zur Berechnung im Dezimalzahlsystem nachzuvollziehen.

2.3.2.1 Duale Addition

Wie in allen Zahlensystemen ist neben dem Zählen, also der Addition der 1, die Addition beliebiger positiver Zahlen die fundamentale Rechenoperation. Das gleichzeitige Addieren mehrerer Zahlen ist grundsätzlich nicht üblich. Bei der Addition von a und b zu c wird in der i-ten Stelle wie folgt gerechnet:

$$\text{Summenbit } S_i \begin{cases} = 1, \text{ falls in } A_iB_i\ddot{U}_i \text{ eine ungerade Anzahl} \\ \quad \text{von Einsen steht,} \\ = 0, \text{ sonst} \end{cases}$$

$$\text{Übertragsbit } \ddot{U}_{i+1} = \text{Mehrheit der Werte von } A_i, B_i, U_i$$

Beispiel zur Addition von Dualzahlen:

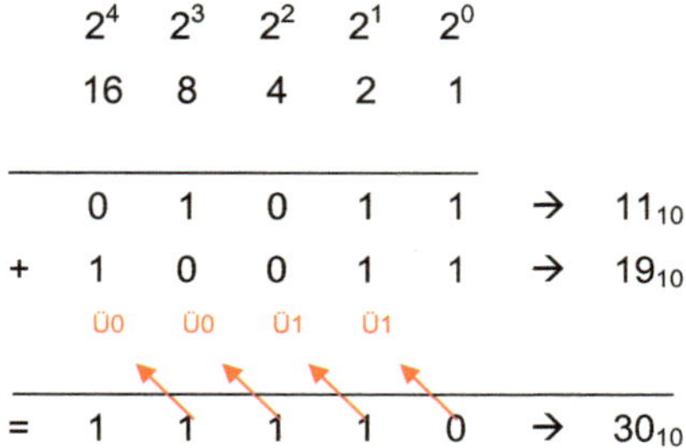

2.3.2.2 Duale Subtraktion

Die Subtraktion zweier Dualzahlen stellt sich als schwieriger heraus, da wie aus der folgenden Übersicht zu erkennen ist, in einem Fall Das Ergebnis negativ werden müsste:

$$
\begin{array}{cccc}
1 & 1 & 0 & 0 \\
-\ 1 & -\ 0 & -\ 0 & -\ 1 \\
\hline
=\ 0 & =\ 1 & =\ 0 & =\ ? \\
\end{array}
$$

Bei der Subtraktion wird um dieses Problem zu lösen mit einem Trick gearbeitet. Das vorliegende Beispiel soll sich auf den Fall

$$c = a - b ; \quad a, b, c > 0$$

beschränken. Anstatt b zu subtrahieren, addiert man $2^n - b$, das Zweierkomplement von b, und lässt im Ergebnis 2^n in Form der höchstwertigen 1 weg. Der Grund für dieses Vorgehen ist die Einfachheit mit der $2^n - b$ gebildet werden kann. Das Rezept zur Vorgehensweise lautet:

a) b durch das Einerkomplement b' ersetzen, d.h. B_i durch $1 - B_i$, wobei in c

(2.3.1.1) einfach Nullen und Einsen miteinander zu vertauschen sind,

b) b' um eins hochzählen/inkrementieren → b''.

Beispiel zur Subtraktion von Dualzahlen:

Seien

$$a = 12_{10} = 1100_2 \,, \ b = 7_{10} = 0111_2$$

dann ist

$$b' = 1000_2$$

→ Schritt a) der Vorgehensweise ist erfüllt, und damit das Einerkomplement gebildet.

Im Zweiten Schritt wird der Subtrahend (b') um 1 inkrementiert um das

Zweierkomplement zu erhalten:

$$b'' = 1000_2 + 0001_2 = 1001_2$$

Das nun gebildete Zweierkomplement wird zum ursprünglichen Minuenden (a)

addiert um die tatsächliche Differenz zu erhalten:

	1	1	0	0	(a)		12_{10}
+	1	0	0	1	(b'')	-	7_{10}
+	0	1	0	1	(c)		5_{10}

Taucht bei der Subtraktion zweier n-stelliger Dualzahlen im Ergebnis bei n + 1 ein Übertrag auf, so ist das Ergebnis positiv. Ergebnisse ohne Übertrag bei n + 1 sind negativ. Der Wert an der Stelle n + 1 wird bei der Ergebnisdarstellung weg gelassen. Die Ausprägung ob das Ergebnis positiv oder negativ ist, wird vorerst durch die vorgestellten gewohnten Zeichen „+" und „-" dargestellt.

Es bedarf einer Definition der einzelnen Wertigkeiten einer Dualzahl und der Dimension des verwendeten Tupel um bestimmen zu können welche Wertigkeiten eine Stelle i in der Dualzahl hat (1 oder 0 = Zahl ; 1 oder 0 = positiv oder negativ). Siehe dazu Abschnitt „Definition von positiven und negativen Dualzahlen".

2.3.2.3 Duale Multiplikation

Die Multiplikation von Dualzahlen kann im Prinzip wie im Dezimalsystem erfolgen. Der Multiplikand wird als erstes Zwischenergebnis genommen, falls die Einerstelle des Multiplikators eine 1 enthält. Dazu wird der um eine Stelle links geschobene (also verdoppelte) Multiplikand addiert, falls die Zweierstelle des Multiplikators eine 1 enthält. Ebenso verfährt man mit allen weiteren Stellen des Multiplikators, bis dieser vollständig abgearbeitet ist.

Beispiel zu Multiplikation von Dualzahlen:

Es soll $5 \bullet 6 = 30$ mit Dualzahlen berechnet werden, 5 sei der Multiplikand, 6 der Multiplikator:

		Multiplikand				Multiplikator		
		1	0	1	$\bullet$	1	1	0
		1	0	1	0			
+	1	0	1	0	0			
	1	1	1	1	0			

2.3.2.4 Duale Division

Die Division von Dualzahlen kann ebenfalls in enger Anlehnung an die Division von Dezimalzahlen erfolgen. Sie wird hier ausführlich diskutiert. Die automatisierte Division im Rechner wird wie im folgenden Beispiel gerechnet:

$$69_{10} : 5_{10} = 13_{10} \text{ Rest } 4_{10}$$

Im Dualzahlensystem sieht diese Berechnung wie folgt aus:

```
1  0  0  0  1  0  1   :   101     =     1101 Rest 100
   1  0  1  0  0  0   ←   Divisor links verschoben ergibt Arbeitsdivisor
   ─────────────────

─
      1  1  1  0  1   ←   „Rest" größer als Divisor
      1  0  1  0  0   ←   Arbeitsdivisor 1 Stelle rechts verschoben
      ──────────────

         1  0  0  1   ←   „Rest" größer als Divisor
        (1  0  1  0)  ←   Arbeitsdivisor 1 Stelle rechts verschoben → zu groß
            1  0  1   ←   Arbeitsdivisor 1 Stelle rechts verschoben → ok!
         ───────────

            1  0  0   ←   „Rest" kleiner als Divisor → endgültiger Rest
```

Das Rezept für die Vorgehensweise bei der Division dualer Zahlen lautet wie folgt:

a) Divisor (Nenner N) möglichst weit nach links schieben, bis er höchstens gleich dem Dividenden ist (Zähler Z). Der so links verschobene Divisor ist der Anfangswert des „Arbeitsdivisors" D.

b) Den „Arbeitsrest" $R = Z - D$ bilden. Ist $R < N$, so endet der Algorithmus hier, wobei R der Divisionsrest ist und an den vorläufigen Quotienten noch L Nullen rechts angehängt werden.

c) D um eine Stelle nach rechts schieben, und L um eins dekrementieren. Ist $R \geq D$, eine 1 an den vorläufigen Quotienten anfügen und mit b) fortfahren. Sonst eine 0 an den vorläufigen Quotienten rechts anfügen und an den Beginn von c) zurückkehren.

Das Divisionsverfahren kann ebenso angewendet werden um beispielsweise eine Dualzahl in eine Dezimalzahl umzuwandeln. Der Divisor bei dieser Umwandlung wäre dann 10_{10} bzw. 1010_2:

Beispiel zur Umwandlung von dual nach dezimal mittels Divisionsverfahren:

Im Beispiel soll die Zahl 101100000_2 in eine Dezimalzahl gewandelt werden

```
  1   0   1   1   0   0   0   0   0  :  1010  = 100011₂ Rest 10₂
- 1   0   1   0
  ________________
          1   0   0   0   0
        - 0   1   0   1   0
          ________________
              1   1   0   0
            - 1   0   1   0
              ____________
                  1   0
```

Der Quotient dieser ersten Operation wird nun wiederum durch 1010_2 geteilt:

```
          1   0   0   0   1   1  :  1010  = 11₂ Rest 101₂
        -     1   0   1   0
              ________________
              1   1   1   1
            - 1   0   1   0
              ________________
                  1   0   1
```

Der resultierende Quotient lässt sich nicht mehr durch 1010_2 teilen. Daher kann keine weitere Division durch 1010_2 mehr durchgeführt werden.

Die Dezimalzahl setzt sich nunmehr aus den Ergebnissen der Teilberechnungen zusammen. Dabei werden die letzen Ergebnisse der dualen Division an erster Stelle geschrieben: $Quotient_1$ $Rest_1$ $Rest_{1+n}$ → 11_2 101_2 10_2 → 352_{10}

2.3.3 Definition von positiven und negativen Dualzahlen

Der Computer arbeitet mit festgelegter Dimension des Tupels (festgelegter Anzahl n von Stellen). Die werthöchste Stelle ist bekannt und wird als Vorzeichenstelle verwendet. Die Vorzeichenregel soll in folgender Tabelle anhand eines 4bit Bus dargelegt werden:

Dezimal-zahl	(2^3) (8)	(2^2) (4)	(2^1) (2)	(2^0) (1)	
+7	0	1	1	1	
+6	0	1	1	0	
+5	0	1	0	1	
+4	0	1	0	0	Positiver Bereich
+3	0	0	1	1	
+2	0	0	1	0	
+1	0	0	0	1	
0	0	0	0	0	
-1	1	0	0	1	
-2	1	0	1	0	
-3	1	0	1	1	
-4	1	1	0	0	Negativer Bereich
-5	1	1	0	1	
-6	1	1	1	0	
-7	1	1	1	1	

Tab. 2.3.3.1: Definition positiver und negativer Dualzahlen

3. Codierungsverfahren

Die Digitaltechnik befasst sich mit der Codierung und Übertragung von Daten. Unter den Codes versteht man hierbei die Systeme der Verständigung. Analog zu weltweit genutzten Codes die in Form von verschiedenen Schriftarten oder Sprachen genutzt werden (chinesische Schriftzeichen – arabische Schriftzeichen – kyrillische Schriftzeichen – ...), ist es bei der Digitaltechnik ebenso notwendig einen Code zu wählen um eine gemeinsame Kommunikation zwischen Sender und Empfänger garantieren zu können. Die Codierung ist also notwendig und erfordert eine vereinbarte Symbolik/Semantik um letztlich Informationen austauschen zu können. Im einfachsten Fall ergeben sich hierbei aus Buchstaben Wörter und aus Wörtern Sätze/Nachrichten wenn der Code sinnvoll kombiniert angewendet wird.

In der Digitaltechnik wird grundlegend als Unterscheidungsmerkmal der Wort- und der Zifferncode benannt. Der Wortcode beinhaltet die Umwandlung von Dezimalzahlen und Dualzahlen. Der Zifferncode die Umwandlung von Ziffern und BCD-Zahlen.

3.1 Der BCD Code

Der BCD-Code (Binary Coded Decimals) oder 8-4-2-1-Code kodiert die Dezimalziffern von 0 bis 9. Eine Ziffer wird dabei von vier Binärstellen beschrieben und heißt Tetrade (griech. Viertergruppe). Die binären Zahlen die im 4bit System über die 9 hinausgehen landen in der Pseudotetrade. „Pseudo" daher, da der Binärzahl keine Ziffer im Dezimal-system zugewiesen werden kann. Eine n-stellige Dezimalzahl wird im BCD-Code also durch n-Tetraden dargestellt:

$$
\begin{array}{cccccc}
4 & 3 & 9 & 6 & 2 & 9 \\
0100 & 0011 & 1001 & 0110 & 0010 & 1001
\end{array}
$$

$\rightarrow 439629_{10} = 0100\ 0011\ 1001\ 0110\ 0010\ 1001$

3.2 Der Zählcode

Der Zählcode basiert auf einfachsten Theorien. Bei dieser Art der Codierung werden 10 Stellen die jeweils eine Wertigkeiten von 1 darstellen gesetzt oder nicht gesetzt (s. Tab. 3.2.1). Vorteile dieser Darstellung sind die leichte Lesabarkeit und die einfach Codierung. Allerdings ist der Zählcode mit einem hohen Aufwand beim Speichern der Information und bei Übertragung der Information verbunden. Anwendung für dieses Codierungsverfahren finden teilweise noch bei der Fernsprechvermittlung statt.

Stellen-Nummer:

10	9	8	7	6	5	4	3	2	1

Stellenwert:

1	1	1	1	1	1	1	1	1	1

0	0	0	0	0	0	0	0	0	L
0	0	0	0	0	0	0	0	L	L
0	0	0	0	0	0	0	L	L	L
0	0	0	0	0	0	L	L	L	L
0	0	0	0	0	L	L	L	L	L
0	0	0	0	L	L	L	L	L	L
0	0	0	L	L	L	L	L	L	L
0	0	L	L	L	L	L	L	L	L
0	L	L	L	L	L	L	L	L	L
L	L	L	L	L	L	L	L	L	L

Tab. 3.2.1: Der Zähl-Code

3.3 Der 1 – aus – 10 – Code

Eine Weiterentwicklung aus dem Zählcode stellt der 1 – aus – 10 – Code dar. In diesem wird lediglich ein Bit pro Ziffer gesetzt, was die Lesbarkeit kaum beeinträchtigt. Der entscheidende Nachteil ist jedoch ebenso wie beim Zählcode dass sehr hoher Aufwand betrieben muss um verhältnismäßig wenige Informationen zu speichern. Ebenso bei der Übertragung eines 1-aus-10-codes ist erhöhter Aufwand notwendig da sehr viel übertragen werden muss um wiederum verhältnismäßig wenige Informationen zu erhalten.

Stellen-Nummer:

10	9	8	7	6	5	4	3	2	1

Stellenwert:

1	1	1	1	1	1	1	1	1	1

0	0	0	0	0	0	0	0	0	L
0	0	0	0	0	0	0	0	L	0
0	0	0	0	0	0	0	L	0	0
0	0	0	0	0	0	L	0	0	0
0	0	0	0	0	L	0	0	0	0
0	0	0	0	L	0	0	0	0	0
0	0	0	L	0	0	0	0	0	0
0	0	L	0	0	0	0	0	0	0
0	L	0	0	0	0	0	0	0	0
L	0	0	0	0	0	0	0	0	0

Tab. 3.3.1: Der 1 – aus – 10 – Code

3.4 Der 3 – Exzeß – Code

Mit dem 3-Exzeß-Code wurde ein symmetrischer 4bit-Code entwickelt der 0000 &
1111 nicht beinhaltet. Die übrigen Ziffern werden symmetrisch codiert. Die übrigen
4bit Zahlen die nicht in Dezimalziffern gewandelt werden können sind wiederum in
Pseudotetraden zusammengefasst:

Dezimal	D	C	B	A	
	0	0	0	0	Pseudo
	0	0	0	1	Pseudo
	0	0	1	0	Pseudo
0	0	0	1	1	SYMMETRISCH
1	0	1	0	0	
2	0	1	0	1	
3	0	1	1	0	
4	0	1	1	1	
5	1	0	0	0	
6	1	0	0	1	
7	1	0	1	0	
8	1	0	1	1	
9	1	1	0	0	
	1	1	0	1	Pseudo
	1	1	1	0	Pseudo
	1	1	1	1	Pseudo

Tab. 3.4.1: Der 3 – Exzeß – Code

3.5 Der Aiken – Code

Der Aiken-Code basiert ebenso wie der 3-Exzeß-Code auf Symmetrie. Allerdings sind die Wertigkeiten 0000 und 1111 mit einbezogen.

Dezimal	D	C	B	A	
0	0	0	0	0	Symmetrie
1	0	0	0	1	
2	0	0	1	0	
3	0	0	1	1	
4	0	1	0	0	
	0	1	0	1	Pseudo
	0	1	1	0	
	0	1	1	1	
	1	0	0	0	
	1	0	0	1	
	1	0	1	0	
5	1	0	1	1	Symmetrie
6	1	1	0	0	
7	1	1	0	1	
8	1	1	1	0	
9	1	1	1	1	

Tab. 3.5.1: Der Aiken – Code

3.6 Der Gray – Code

Beim Gray-Code wird beim Übergang von einer Dezimalziffer zur nächsten lediglich eine Stelle in der Binärzähl geändert.

Dezimal	G	R	A	Y
0	0	0	0	0
1	0	0	0	1
2	0	0	1	1
3	0	0	1	0
4	0	1	1	0
5	0	1	1	1
6	0	1	0	1
7	0	1	0	0
8	1	1	0	0
9	1	1	0	1

Tab. 3.6.1: Der Gray – Code

3.7 Der Libaw-Craig-Code (Johnson-Code)

5bit-Darstellung einer Ziffer im Dezimalsystem. Mit Johnson-Code wird der Johnson-Zähler realisiert. Es handelt sich um einen numerischen Code der jeder Ziffer einer Dezimalzahl einen dualen Code zuweist

Dezimal	Darstellung
0	00000
1	00001
2	00011
3	00111
4	01111
5	11111
6	11110
7	11100
8	11000
9	10000

Tab. 3.7.1: Der Libaw-Craig-Code (Johnson-Code)

3.8 Der ASCII – Code

Der im Allgemeinen wahrscheinlich bekannteste Code ist der ASCII (American Standard Code for Information Interchange). ASCII wurde 1967 erstmals als Standard veröffentlich und 1986 zuletzt aktualisiert. Die Zeichenkodierung definiert 128 Zeichen, davon 33 nicht-druckbare sowie 95 druckbare.

Jedem Zeichen wird ein Bitmuster aus 7bit zugeordnet. Da jedes Bit zwei Werte annehmen kann, gibt es 2^7 = 128 verschiedene Bitmuster, die auch als die ganzen Zahlen 0 – 127 (hex: 00_{16}-$7F_{16}$) interpretiert werden können.

Die ersten 32 ASCII-Zeichencodes (00_{16} bis $1F_{16}$) sind für Steuerzeichen reserviert. Das sind Zeichen die keine Schriftzeichen darstellen, sondern die zur Steuerung von solchen Geräten dienen, die ASCII verwenden (Bsp. Drucker). Die Codes 21_{16} bis $7E_{16}$ sind alle druckbaren Zeichen, die sowohl Buchstaben, Ziffern und Satzzeichen (s. Tab. 3.8.1) enthalten.

Code	x0	x1	x2	x3	x4	x5	x6	x7	x8	x9	xA	xB	xC	xD	xE	xF
0x	NUL	SOH	STX	ETX	EOT	ENQ	ACK	BEL	BS	HAT	LF	VT	FF	CR	SO	SI
1x	DLE	DC1	DC2	DC3	DC4	NAK	SYN	ETB	CAN	EM	SUB	ESC	FS	GS	RS	US
2x	SP	!	"	#	$	%	&	'	(	)	*	+	,	-	.	/
3x	0	1	2	3	4	5	6	7	8	9	:	;	<	=	>	?
4x	@	A	B	C	D	E	F	G	H	I	J	K	L	M	N	O
5x	P	Q	R	S	T	U	V	W	X	Y	Z	[	\	]	^	_
6x	`	a	b	c	d	e	f	g	h	i	j	k	l	m	n	o
7x	p	q	r	s	t	u	v	w	x	y	z	{	|	}	~	DEL

Tab. 3.8.1: Der ASCII – Code

4. Darstellung, Synthese und Analyse boolescher Funktionen

Die Lehre der digitalelektronischen Schaltnetze ist durch einige spezielle Diagramme geprägt, welche wichtige Darstellungs- und sogar Arbeitshilfen sind. Außerdem wird hier über spezielle Terme der innerhalb von Schaltfunktionen und – darauf aufbauend – über Normalformen von Schaltfunktionen gesprochen.

4. 1 Spezielle Diagramme

Die speziellen Diagramme der Theorie der Schaltnetze haben teils Tafelcharakter, teils sind es auch speziell gerichtete Graphen. Alle hier vorgestellten Diagramme sind unschätzbare Arbeitshilfen.

4.1.1 Venn – Diagramme

Venn-Diagramme dienen zur Darstellung algebraischer Verknüpfungen von Mengen, wobei die Elemente der Grundmengen als Punkte der Zeichenebene dargestellt werden. Für endliche Mengen, die uns hier ausschließlich interessieren, zeigt Abb. 4.1.1.1 die Vereinigungsmenge und den Durchschnitt zweier Mengen A und B mit den Elementen $\alpha_1, \alpha_2, \alpha_3, \ldots \alpha_m$ bzw. $\beta_1, \beta_2, \beta_3, \ldots \beta_n$.

Genauer hat man in Abb. 4.1.1.1:

$A = \{\alpha_1, \alpha_2, \alpha_3, \alpha_4, \alpha_5, \alpha_6\}$, $B = \{\beta_1, \beta_2, \beta_3, \beta_4, \beta_5, \beta_6\}$, $\beta_1 = \alpha_5$; $\beta_2 = \alpha_6$

Durchschnittsmenge: $\qquad A \cap B = \{\alpha_5, \alpha_6\}$

Vereinigungsmenge: $\qquad A \cup B = \{\alpha_1, \ldots \alpha_6, \beta_3, \beta_4\}$.

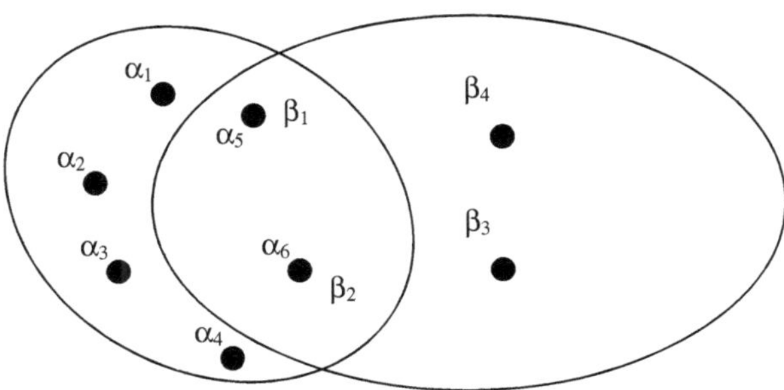

Abb. 4.1.1.1: Venn-Diagramm von Vereinigungsmenge und Durchschnitt

Folgende Abb. 4.1.1.2 zeigt das Venn-Diagramm zur Darstellung der Komplementbildung A' = Ω \ A. A' ist dabei die Menge derjenigen Elemente von Ω, die nicht zu A gehören.

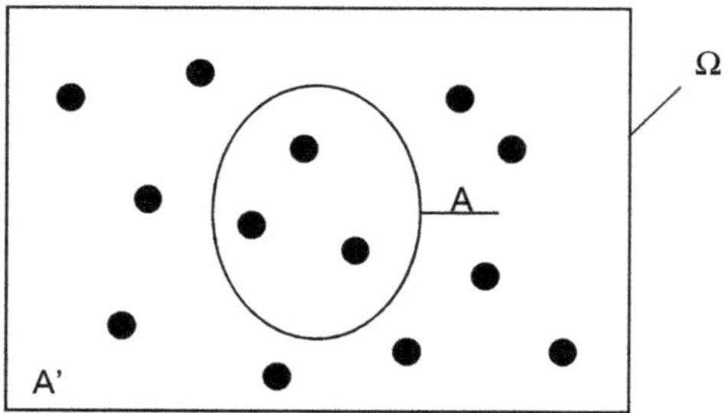

Abb. 4.1.1.2: Venn-Diagramm zum Mengenkomplement

Mit Abb. 4.1.1.3 können die „De Morgan Regeln der booleschen Algebra" dargelegt werden. Offenbar gilt:

$$(A \cup B)' = A' \cap B' \quad \text{und} \quad (A \cap B)' = A' \cup B' \tag{4.1.1.1}$$

Die Mengenalgebra ist also mit den Verknüpfungsoperatoren $\cup$ statt $\vee$ und $\cap$ statt $\wedge$ und ' statt $-$ eine boolesche Algebra.

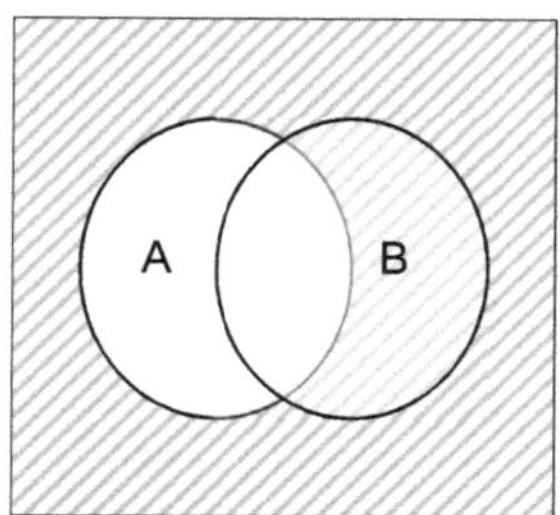

Abb. 4.1.1.3: Zur Komplementierung der Grund-
verknüpfungen von Mengen

4.1.2 Karnaugh – Diagramme (K(V)-Diagramme)

Karnaugh – Diagramme (auch Karnaugh-Veitch-Diagramme gennant) sind spezielle Venn-Diagramme. Genauer sind es quadratische oder aus zwei Quadraten gebildete Rechteckfelder (Tafeln) aus kleinen Quadraten, in die die Funktionswerte einer Aufgabenstellung eingetragen werden. Gewisse Mengen von mit 1 beschrifteten kleinen Quadraten werden durch Konturen gebündelt (verschmolzen), die sich wie bei Venn-Diagrammen durchdringen können. Der besondere Nutzen besteht darin, dass durch die Verschmelzung meist einfachere/kürzere Funktionsdarstellungen gewonnen werden, solange die Anzahl der Variablen 5 nicht übersteigt. Die Tafeln für K-Diagramme werden induktiv durch Spiegelung gebildet: Zur Erzeugung der K-Tafel für m-dimensionale Funktionen wird die K-Tafel für (m − 1)-dimensionale Funktionen durch Spiegelung verdoppelt. Die jeweils neu hinzu kommende Variable hat in der alten Tafel den Wert 0, in der neuen Hälfte der neuen Tafel den Wert 1. Aus der Konstruktion für K-Tafeln nach Abb. 4.1.2.1 ist ersichtlich, wie man den kleinen quadratischen Feldern der fertigen K-Tafel die Argument-n-Tupel zuzuordnen hat, um auf die angegebenen Nummern zu kommen. Man stellt fest, dass jedem Quadrat eineindeutig der gespiegelte Vektor $\underline{X}$ von $F(X)$ ohne Kommata, d.h. als Dualzahl interpretiert, zugeordnet wird:

$$\underline{X} = (X_1, X_2, X_3, \dots X_n) \to (X_n \dots X_3 X_2 X_1)_2 \ . \tag{4.1.2.1}$$

Beispielsweise hat das kleine Quadrat aus Abb. 4.1.2.1 ganz unten rechts, das zu $(\overline{X_1}, \overline{X_2}, X_3, X_4) = (0,0,1,1)$ gehört, die Nummer $1100_2 = 12_{10}$.

Um auf die Anwendung des K-Diagramms eingehen zu können müssen zunächst verschiedene Grundlagen zu speziellen Termen erarbeitet werden. Mit Hilfe dieser können boolesche Funktionen im K-Diagramm dargestellt und vereinfacht werden.

Das K-Diagramm dient letztlich lediglich zur Darstellung und Vereinfachung komplexer Funktionen.

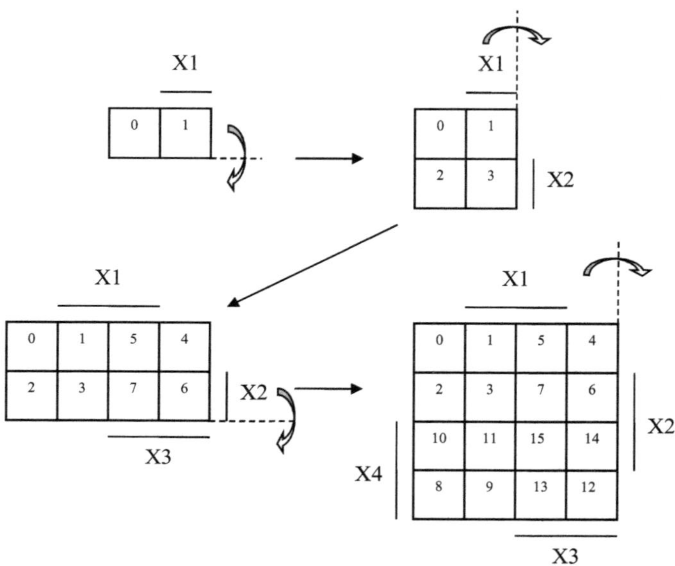

Abb. 4.1.2.1: Konstruktion von Karnaugh-Tafeln

In obiger Abbildung sind die Bereiche mit $X_i = 1$ durch geschweifte Klammern bezeichnet, an denen Xi steht. Die Kästchennummern sind die Dezimalzahlen zu den Dualzahlen von (4.1.2.1).

4.2 Spezielle Terme

In der booleschen Algebra ist es nützlich bestimmten Funktionsdarstellungen spezielle Namen zu geben. Es geht dabei um Darstellungen die nur die Konjunktion oder nur die Disjunktion enthalten.

4.2.1 Konjunktionsterme

Ein Konjunktionsterm T ist eine spezielle boolesche Funktion. Er entsteht durch konjunktive Verknüpfung von Literalen:

$$T = \bigwedge_{i \in I} \tilde{X}_i \; ; \; \tilde{X}_i \in \{X_i, \overline{X}_i\} \tag{4.2.1.1}$$

mit $I \subset \{1,...,n\}$ für Funktionen von n Variablen.

Definition Minterm:

Ein Minterm M_i ist ein Konjunktionsterm maximaler Länge, also bei $F: B^n \to B$ eine Konjunktion von n Literalen mit jeweils unterschiedlichen Indizes.

Verschmelzung von Konjunktionstermen:

Gewisse Minterme lassen sich paarweise zu einem um ein Literal kürzeren Konjunktionsterm zusammenfassen:

$$AB \vee A\overline{B} = A(B \vee \overline{B}) = A \tag{4.2.1.2}$$

Voraussetzung dafür ist offensichtlich, dass die beiden Minterme sich nur in einem Literal unterscheiden, welches der eine Normal und der andere negiert enthält. Dieser Verschmelzungs- und Verkürzungsprozeß lässt sich fortsetzen.

Beispiel anhand der Verschmelzung von 4 Mintermen:

Zu verschmelzen seien 4 Minterme von 4 Variablen. Gegeben sind (wobei Minterme mit M_i dargestellt werden):

$$M_1 = X_1 X_2 \overline{X}_3 \overline{X}_4 \quad ,$$
$$M_2 = X_1 X_2 \overline{X}_3 X_4 \quad ,$$
$$M_3 = X_1 X_2 X_3 \overline{X}_4 \quad ,$$
$$M_4 = X_1 X_2 X_3 X_4 \quad .$$

Offenbar sind

$$M_1 \vee M_3 = X_1 X_2 \overline{X}_4 \quad , \quad M_2 \vee M_4 = X_1 X_2 X_4 \quad ,$$

die Ergebnisse lassen sich noch weiter verschmelzen zu

$$M_1 \vee M_2 \vee M_3 \vee M_4 = X_1 X_2 \quad .$$

Dieser zweistufige Verschmelzungsvorgang lässt sich nun mühelos in der K-Tafel in einem Schritt durchführen. Gegeben Seien hierbei wiederum die 4 Minterme mit vier Variablen. Wird die K-Tafel nach dem vorgestellten Spiegelprinzip gebildet, so müssen nur die entsprechenden Kästchennummern mit einer 1 versehen werden (s.

Abb. 4.2.1.1). Die Minterme entsprechen dabei folgender Dual-/Dezimalzahl (vgl. (4.1.2.1) Spiegelung der Vektoren):

$$M_1 = X_1 X_2 \overline{X}_3 \overline{X}_4 = 1100_2 \rightarrow 0011_2 = 3_{10}$$

$$M_2 = X_1 X_2 \overline{X}_3 X_4 = 1101_2 \rightarrow 1011_2 = 11_{10}$$

$$M_3 = X_1 X_2 X_3 \overline{X}_4 = 1110_2 \rightarrow 0111_2 = 7_{10}$$

$$M_4 = X_1 X_2 X_3 X_4 = 1111_2 \rightarrow 1111_2 = 15_{10}$$

Wird in die somit ermittelten Kästchen der Wert 1 eingetragen kann über eine Verschmelzung die resultierende Funktion ermittelt werden:

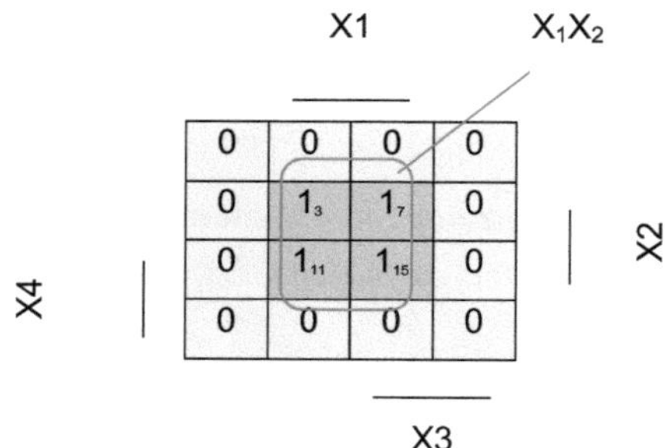

Abb. 4.2.1.1: Zusammenfassung von Mintermen im K-Diagramm

Zusammenfassend kann also gesagt werden, dass zu Beginn immer eine Aufgabenstellung steht die mehrere boolesche Gleichungen beinhaltet. Um diese Gleichungen zusammenfassend zu vereinfachen, werden die Literale in einer K-Tafel dargestellt. Durch Bildung einheitlicher Pakete (in diesem Fall werden Kästchen mit 1 zusammengefasst) erlangt man in wenigen Schritten eine vereinfachte Darstellung der gegebenen Aufgabenstellung. Ein weiteres Beispiel soll den Umgang mit dem K-Diagramm verdeutlichen. Gegeben Sei durch eine nicht bekannte Aufgabenstellung das K-Diagramm in Abb. 4.2.1.2. Durch Verschmelzung sind nun alle Minterme aus diesem K-Diagram zu ermitteln.

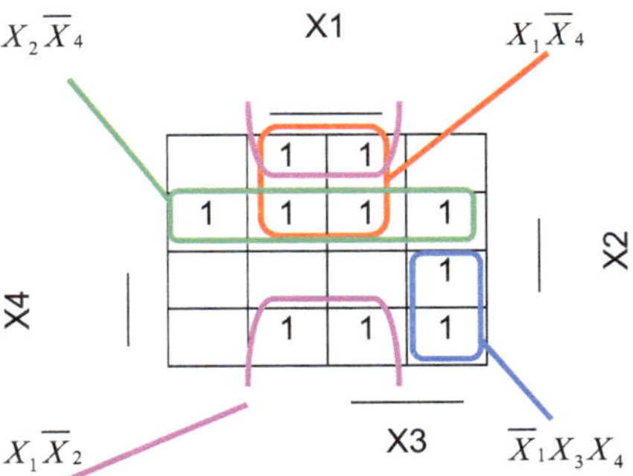

Abb. 4.2.1.2: Beispiel für K-Diagramm (Verschmelzung)

Zur Vereinfachung und besseren Übersicht können die Nullen aus der Tafel einfach weg gelassen werden, da sie für die Bildung der Verschmelzungen ohne Belang sind. Aus Abb. 4.2.1.2 wird deutlich, dass Verschmelzungen auch über den Rand der K-Tafel hinaus möglich sind. Letztlich können jedoch nur waagerechte und Senkrechte Verschmelzungen erfolgen. Einzige Ausnahme bilden die Ecken der Tafel. Diese können auch über den Rand miteinander verschmelzen. Das vorläufige Ergebnis kann nunmehr aus Abb. 4.2.1.2 abgelesen werden:

$$F = X_1\overline{X}_2 \vee X_1\overline{X}_4 \vee X_2\overline{X}_4 \vee \overline{X}_1X_3X_4 \tag{4.2.1.3}$$

Die aus dem K-Diagramm abgeleitete Funktion kann sicherlich noch vereinfacht werden, worauf jedoch an dieser Stelle noch nicht näher eingegangen wird. Zunächst sollen noch die Disjunktionsterme beschrieben werden.

4.2.2 Disjunktionsterme

Ein Disjuntionsterm entsteht durch disjunktive Verknüpfungen von Literalen:

$$T = \mathop{\vee}_{i \in I} \tilde{X}_i \; ; \tilde{X}_i \in \left\{X_i, \overline{X}_i\right\} \tag{4.2.2.1}$$

mit $I \subset \{1,...,n\}$ für Funktionen von n Variablen.

Definition Maxterm:

Disjunktionsterme maximaler Länge n, wobei n die Anzahl der Funktionsvariablen ist, heißen Maxterme. Alternativ kann bei Kenntnis des Mintermbegriffs gesagt werden: Ersetzt man in einem Minterm die Konjunktion durch die Disjunktion, so entsteht ein Maxterm. Die einfache Invertierung des Rechenoperators ist allerdings nicht erlaubt.

Analog zu den Mintermen einer Funktion gibt es also auch die Maxterme einer Funktion. Nach der Regel von De Morgan gilt folgender einfache Sachverhalt: Jeder Maxterm ist die Negation eines Minterms und umgekehrt (s. (4.2.2.2)).

Bei den K-Diagrammen werden nach diesem Sachverhalt Maxterme als fast vollständig aufgefüllte Tafeln dargestellt. (Bspsweise) Nur ein einziges kleines Quadrat (Kästchen) enthält die Null. Als Standardnumerierung für Maxterme $\breve{M}_i$ bietet sich die Umformung nach folgender Gleichung an, in der der Minterm M_i mit Standardindex i gemeint ist:

$$\breve{M}_i = \overline{M_i} \quad .$$

(4.2.2.2)

Nach (4.2.2.2) bei Funktionen mit 4 Variablen $M_i = M_1 = X_1 X_2 \overline{X}_3 \overline{X}_4$ ist also

$$\breve{M}_1 = \overline{M_1} = \overline{X_1 X_2 \overline{X}_3 \overline{X}_4} = \overline{X}_1 \vee \overline{X}_2 \vee X_3 \vee X_4$$

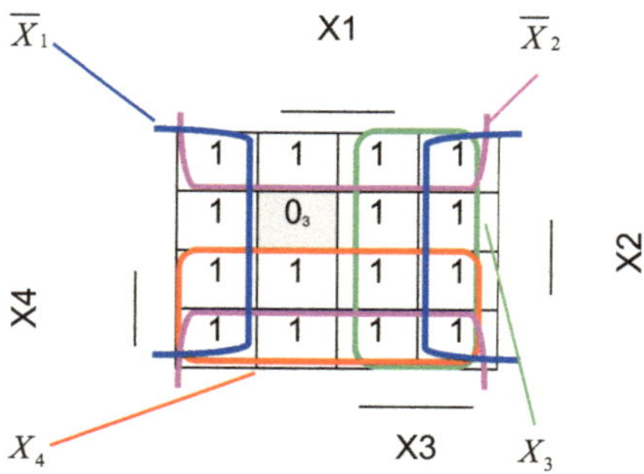

Abb. 4.2.2.1: Maxterm $\breve{M} = \overline{X}_1 \vee \overline{X}_2 \vee X_3 \vee X_4$

4.3 Zweistufige Normalformen

Als Normalformen werden häufig zweistufige Funktionsdarstellungen bezeichnet. Bei diesen durchlaufen im zugehörigen Schaltplan alle Signale (von Eingangsliteralen) höchstens 2 Gatter. Die wichtigsten Typen von Normalformen werden in diesem Abschnitt vorgestellt.

4.3.1 Disjunktive Normalform (ODER-Normalform)

Die disjunktive Normalform (DNF) ist die Form einer schaltalgebraischen Gleichung, in der Konjunktionsterme miteinander durch ODER verknüpft sind. Handelt es sich um Vollkonjunktionen wird dadurch die kanonische disjunktive Normalform (KDNF) gebildet. Diese Sonder-Normalform ist dadurch charakteristisch, da sie lediglich Minterme enthält. Die Vollkonjunktion ist also eine UND-Verknüpfung, in der alle vorhandenen Variablen (negiert/nicht negiert) vorkommen. Die disjunktive Normalform einer Schaltfunktion F ist also eine Disjunktion von Konjunktionstermen. Algebraisch lässt sich das bei m Termen T_i wiefolgt darstellen:

$$F(X) = \overset{m}{\underset{i=1}{\vee}} T_i \; ; T_i = \overset{n_i}{\underset{j=1}{\wedge}} \widetilde{X}_{l_{ij}} \; ; \widetilde{X}_k \in \left\{ X_k ; \overline{X}_k \right\} \quad ;$$

$$\underline{X} = (X_1, ..., X_n) \; ; n_i, l_{ij} \in \left\{ 1, ..., n \right\} \qquad\qquad (4.3.1.1)$$

beschreiben.

Die disjunktive Normalfrom soll nun anhand einer Zwei-aus-Drei-Schaltung beispielhaft erläutert werden. Eine Zwei-aus-Drei-Schaltung wird immer dann eingesetzt, wenn Fehl-Meldungen ausgeschlossen werden müssen (Bsp.: Abschaltung eines Kernreaktors). In dieses Fällen werden oftmals drei gleichartige Sensoren eingesetzt die die gleiche Prüfgröße messen. Zeigen zwei oder drei der drei Sensoren einen Fehlerfall so wird eine Gegenmaßnahme ausgelöst. Meldet lediglich ein Sensor einen Fehler, kann davon ausgegangen werden, dass diese Messung fehlerhaft ist → es wird keine Gegenmaßnahme ausgelöst. Gesucht wird also eine digitale Schaltung an deren Ausgang eine 1 ansteht, sobald mindestens zwei der drei Eingänge 1-Zustand aufweisen. Um die möglichen Varianten vollständig abzubilden wird eine Wahrheitstabelle aufgestellt in der jede mögliche Kombination der Eingänge aufgezeigt, und das Ergebnis am Ausgang bestimmt wird:

Fall	A	B	C	Z	
0	0	0	0	0	
1	0	0	1	0	
2	0	1	0	0	
3	0	1	1	1	$\rightarrow \overline{A} \wedge B \wedge C$
4	1	0	0	0	
5	1	0	1	1	$\rightarrow A \wedge \overline{B} \wedge C$
6	1	1	0	1	$\rightarrow A \wedge B \wedge \overline{C}$
7	1	1	1	1	$\rightarrow A \wedge B \wedge C$

Tab. 4.3.1.1: Wahrheitstabelle der 2aus3-Schaltung

Aus der Wahrheitstabelle wird die disjunktive Normalform der 2aus3-Schaltung erstellt:

$$Z = \left(\overline{A} \wedge B \wedge C\right) \vee \left(A \wedge \overline{B} \wedge C\right) \vee \left(A \wedge B \wedge \overline{C}\right) \vee \left(A \wedge B \wedge C\right) \tag{4.3.1.2}$$

Zur Vereinfachung des Ausdrucks (4.3.1.2) wird diese ODER-Normalform in ein KV Diagramm eingesetzt:

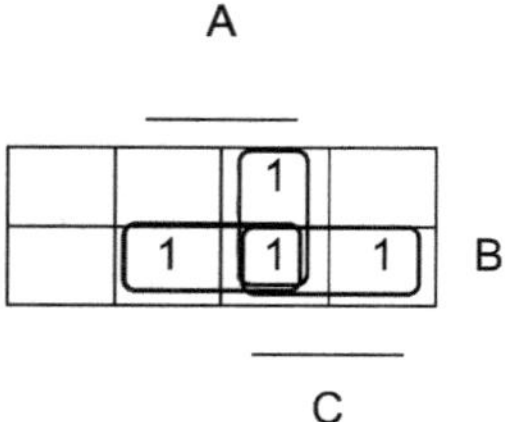

Abb. 4.3.1.1: KV-Diagramm der 2aus3-Schaltung

Die Vereinfachung aus dem KV-Diagramm ergibt folgende vereinfachte Funktion für die 2aus3-Schaltung:

$$Z = \left(A \wedge B\right) \vee \left(B \wedge C\right) \vee \left(A \wedge C\right) \tag{4.3.1.3}$$

4.3.2 Konjunktive Normalform (UND-Normalform)

Eine konjunktive Normalform (KNF) ist analog zur disjunktiven Normalform eine Konjunktion aus Disjunktionsthermen:

$$F(\underline{X}) = \bigwedge_{i=1}^{m} T_i \; ; \; T_i = \bigvee_{j=1}^{n_i} \widetilde{X}_{l_{ij}} \; ; \; \widetilde{X}_k \in \left\{ X_k ; \overline{X}_k \right\} \tag{4.3.2.1}$$

Die konjunktive Normalform findet in der Praxis weniger Verwendung, da mit der ODER-Normalform alle Gleichungen aufgestellt werden können. Handelt es sich um Volldisjunktionen wird dadurch die kanonische konjunktive Normalform (KKNF) gebildet. Diese Sonder-Normalform ist dadurch charakteristisch, da sie lediglich Maxterme enthält.

Am Beispiel der 2aus3-Schaltung können nunmehr aus der Wahrheitstabelle auch die booleschen Gleichungen für die Konjunktive Normalform entnommen werden:

Fall	A	B	C	Z	
0	0	0	0	0	$\rightarrow \overline{A} \wedge \overline{B} \wedge \overline{C} = \overline{Z}$
1	0	0	1	0	$\rightarrow \overline{A} \wedge \overline{B} \wedge C = \overline{Z}$
2	0	1	0	0	$\rightarrow \overline{A} \wedge B \wedge \overline{C} = \overline{Z}$
3	0	1	1	1	
4	1	0	0	0	$\rightarrow A \wedge \overline{B} \wedge \overline{C} = \overline{Z}$
5	1	0	1	1	
6	1	1	0	1	
7	1	1	1	1	

Tab. 4.3.2.1: Wahrheitstabelle der 2aus3-Schaltung

Aus Tab. 4.3.2.1 ergibt sich unter Anwendung des Shannon'schen Inversionssatzes die Gleichung zu:

$$Z = (A \vee B \vee C) \wedge (A \vee B \vee \overline{C}) \wedge (A \vee \overline{B} \vee C) \wedge (\overline{A} \vee B \vee C) \tag{4.3.2.2}$$

Die konjunktive Normalform ergibt sich also aus den Z = 0 Reihen der Wahrheitstabelle.

4.4 Vereinfachung nach Quine und McCluskey

Da die Vereinfachung boolescher Funktionen über das KV-Diagramm nur handschriftlich möglich ist, wurde das hier vorgestellte Verfahren (benannt nach den Erfindern) zur rechnerischen Lösung mithilfe einer Rechenanlage entwickelt. Es ist weniger anschaulich als das KV-Diagramm, kann aber automatisiert durchgeführt werden. Das Verfahren nach Quine / McCluskey geht von der kanonischen disjunktiven Normalform einer booleschen Gleichung aus. Auch konjunktive Normalformen sind möglich, werden aber im Umfang dieser Vorlesung nicht gesondert behandelt. Grundsätzlich gilt also, dass aus allen Aufgabenstellungen die kanonische disjunktive Normalform resultieren muss um das folgende Verfahren anwenden zu können. Es soll anhand des folgenden Beispiels aus einer unbekannten Aufgabenstellung näher erläutert werden. Gegeben sei die Funktion

$$Z = \left(\overline{A} \wedge \overline{B} \wedge \overline{C} \wedge \overline{D}\right) \vee \left(\overline{A} \wedge \overline{B} \wedge C \wedge \overline{D}\right) \vee \left(\overline{A} \wedge B \wedge \overline{C} \wedge \overline{D}\right) \vee \left(\overline{A} \wedge B \wedge C \wedge \overline{D}\right)$$

$$\vee \left(A \wedge \overline{B} \wedge \overline{C} \wedge \overline{D}\right) \vee \left(A \wedge \overline{B} \wedge \overline{C} \wedge D\right) \vee \left(A \wedge B \wedge D\right) \tag{4.4.1}$$

die durch das Verfahren von Quine / McCluskey vereinfacht werden soll. Im ersten Schritt wird geprüft ob mit Z die kanonische disjunktive Normalform vorliegt. In (4.4.1) erfüllt der letzte Term $\left(A \wedge B \wedge D\right)$ diese Anforderung nicht und muss entsprechend erweitert werden:

$$\left(A \wedge B \wedge D\right) = \left(A \wedge B \wedge \overline{C} \wedge D\right) \vee \left(A \wedge B \wedge C \wedge D\right) \tag{4.4.2}$$

Der neue Funktionsterm zur Bestimmung der minimalen Schaltfunktion nach Quine- / McCluskey lautet demnach:

$$Z = \left(\overline{A} \wedge \overline{B} \wedge \overline{C} \wedge \overline{D}\right) \vee \left(\overline{A} \wedge \overline{B} \wedge C \wedge \overline{D}\right) \vee \left(\overline{A} \wedge B \wedge \overline{C} \wedge \overline{D}\right) \vee \left(\overline{A} \wedge B \wedge C \wedge \overline{D}\right)$$

$$\vee \left(A \wedge \overline{B} \wedge \overline{C} \wedge \overline{D}\right) \vee \left(A \wedge \overline{B} \wedge \overline{C} \wedge D\right) \vee \left(A \wedge B \wedge C \wedge D\right) \vee \left(A \wedge B \wedge \overline{C} \wedge D\right)$$

$$\tag{4.4.3}$$

Die Minterme der vollständigen (kanonischen) disjunktiven Normalform werden nun in Gruppen sortiert, die sich durch die Anzahl der negierten Literale pro Konjunktionsterm unterscheiden (5 Gruppen bei 4 Literalen):

- Gruppe 1: Alle Minterme mit 4 negierten Literalen
- Gruppe 2: Alle Minterme mit 3 negierten Literalen
- Gruppe 3: Alle Minterme mit 2 negierten Literalen
- Gruppe 4: Alle Minterme mit 1 negierten Literal
- Gruppe 5: Alle Minterme mit keinem negierten Literal

Letztlich müssen im ersten Schritt maximal so viele Gruppen+1 gebildet werden, wie verschiedenwertige Literale existieren:

- Gruppe 1 (Alle Literale negiert):

$$\left(\overline{A} \wedge \overline{B} \wedge \overline{C} \wedge \overline{D}\right)$$

- Gruppe 2 (Drei Literale negiert):

$$\left(\overline{A} \wedge \overline{B} \wedge C \wedge \overline{D}\right), \left(\overline{A} \wedge B \wedge \overline{C} \wedge \overline{D}\right), \left(A \wedge \overline{B} \wedge \overline{C} \wedge \overline{D}\right)$$

- Gruppe 3 (Zwei Literale negiert):

$$\left(\overline{A} \wedge B \wedge C \wedge \overline{D}\right), \left(A \wedge \overline{B} \wedge \overline{C} \wedge D\right)$$

- Gruppe 4 (Ein Literal negiert):

$$\left(A \wedge B \wedge \overline{C} \wedge D\right)$$

- Gruppe 5 (Kein Literal negiert):

$$\left(A \wedge B \wedge C \wedge D\right)$$

Die Vereinfachung beruht nunmehr auf der Findung bzw. Bildung von Primtermen. Primterme sind in diesem Fall Konjunktionen die sich nicht mehr vereinfachen lassen. Eine Vereinfachung nach Quine / McCluskey erfolgt, indem jeder Term aus Gruppe 1 der Minterme mit jedem Term der Gruppe 2 der Minterme verglichen wird. Es wird dabei nach Literalen gesucht, die sich durch die Regel

$$A_i \vee \overline{A_i} = 1$$

gegenseitig aufheben. Am Beispiel des Terms aus Gruppe 1 und des ersten Terms aus Gruppe 2 ergibt sich als Vereinfachung:

$$\left(\overline{A} \wedge \overline{B} \wedge \overline{C} \wedge \overline{D}\right) \vee \left(\overline{A} \wedge \overline{B} \wedge C \wedge \overline{D}\right) \quad \rightarrow \quad \left(\overline{A} \wedge \overline{B} \wedge \overline{D}\right) \tag{4.4.4}$$

Eine Vereinfachung kann nur dann erfolgen wenn maximal ein Literal der zu vergleichenden Terme unterschiedliche Zustände aufweist. Mehrere unterschiedliche Zustände von Literalen können nicht vereinfacht werden. Weiterhin können daher nur aufeinanderfolgende Gruppen miteinander verglichen werden.

Jede Vereinfachung die analog zu 4.4.4 stattfindet wird als 1. Vereinfachung deklariert und in der Tabelle eingetragen (s. Tab. 4.4.1). Die dazu verwendeten Minterme werden gekennzeichnet (✓). Der Vergleich erfolgt sukzessive indem jeder Term zweier aufeinanderfolgenden Gruppen miteinander verglichen und gegebenenfalls vereinfacht in die nächste Spalte übertragen wird. Terme die nicht mit anderen vereinfacht werden können werden als Primimplikanten deklariert (Pn) und fortlaufend nummeriert (n = 1,2,3,...). Sind alle Minterme aus der ersten Spalte miteinander verglichen, so können nun die Terme aus der neu entstandenen Spalte der 1. Vereinfachung auf gleiche Weise miteinander verglichen und gegebenenfalls vereinfacht werden. Die resultierenden Vereinfachungen werden in einer zusätzlichen Spalte (2. Vereinfachung) festgehalten. Die Methodik wird so lange wiederholt, bis sich aus der letzten Spalte keine Vereinfachungen mehr bilden können.

Gruppe	Minterme		1. Vereinfachung		2. Vereinfachung	
1	$(\overline{A} \wedge \overline{B} \wedge \overline{C} \wedge \overline{D})$	✓	$(\overline{A} \wedge \overline{B} \wedge \overline{D})$	✓	$(\overline{A} \wedge \overline{D})$	P_5
			$(\overline{A} \wedge \overline{C} \wedge \overline{D})$	✓		
			$(\overline{B} \wedge \overline{C} \wedge \overline{D})$	P_1		
2	$(\overline{A} \wedge \overline{B} \wedge C \wedge \overline{D})$	✓	$(\overline{A} \wedge C \wedge \overline{D})$	✓		
	$(\overline{A} \wedge B \wedge \overline{C} \wedge \overline{D})$	✓	$(\overline{A} \wedge B \wedge \overline{D})$	✓		
	$(A \wedge \overline{B} \wedge \overline{C} \wedge \overline{D})$	✓	$(A \wedge \overline{B} \wedge \overline{C})$	P_2		
3	$(\overline{A} \wedge B \wedge C \wedge \overline{D})$	✓	$(A \wedge \overline{C} \wedge D)$	P_3		
	$(A \wedge \overline{B} \wedge \overline{C} \wedge D)$	✓				
4	$(A \wedge B \wedge \overline{C} \wedge D)$	✓	$(A \wedge B \wedge D)$	P_4		
5	$(A \wedge B \wedge C \wedge D)$	✓				

Tab. 4.4.1: Vereinfachung von Mintermen zu Primtermen

Die Primterme der Ausgangsfunktion (4.4.3) lauten demnach:

P1: $\left(\overline{B} \wedge \overline{C} \wedge \overline{D}\right)$ P2: $\left(A \wedge \overline{B} \wedge \overline{C}\right)$ P3: $\left(A \wedge \overline{C} \wedge D\right)$

P4: $\left(A \wedge B \wedge D\right)$ P5: $\left(\overline{A} \wedge \overline{D}\right)$

In der Minterm – Primterm – Tabelle soll nunmehr verglichen werden, welcher Primterm in welchem Minterm enthalten ist:

Minterme	Primterm P_1 $\left(\overline{B} \wedge \overline{C} \wedge \overline{D}\right)$	Primterm P_2 $\left(A \wedge \overline{B} \wedge \overline{C}\right)$	Primterm P_3 $\left(A \wedge \overline{C} \wedge D\right)$	Primterm P_4 $\left(A \wedge B \wedge D\right)$	Primterm P_5 $\left(\overline{A} \wedge \overline{D}\right)$
M1 $\left(\overline{A} \wedge \overline{B} \wedge \overline{C} \wedge \overline{D}\right)$	✓				✓
M2 $\left(\overline{A} \wedge \overline{B} \wedge C \wedge \overline{D}\right)$					✓
M3 $\left(\overline{A} \wedge B \wedge \overline{C} \wedge \overline{D}\right)$					✓
M4 $\left(A \wedge \overline{B} \wedge \overline{C} \wedge \overline{D}\right)$	✓	✓			
M5 $\left(\overline{A} \wedge B \wedge C \wedge \overline{D}\right)$					✓
M6 $\left(A \wedge \overline{B} \wedge \overline{C} \wedge D\right)$		✓	✓		
M7 $\left(A \wedge B \wedge \overline{C} \wedge D\right)$			✓	✓	
M8 $\left(A \wedge B \wedge C \wedge D\right)$				✓	

Tab. 4.4.2: Minterm – Primterm – Tabelle

Die Vereinfachung der Primtermfunktion erfolgt durch Spalten- und Zeilendominanz-prüfung(en). Dazu muss Tab. 4.4.2 um 90 Grad gedreht werden, so dass die Minterme in Spalten und die Primterme in Zeilen stehen.

4.4.1 Spaltendominanzprüfung:

- Zur Durchführung werden die Minterme spaltenweise und die Primterme zeilenweise in einer Tabelle aufgetragen.
- Die Ergebnisse aus der Minterm-Primterm-Tabelle (Tab. 4.4.2) werden übertragen.
- Bei n Primtermen kann jeder Minterm zwischen 0...n Primterme enthalten.
- Minterme werden paarweise (spaltenweise) miteinander verglichen

→ Existiert ein Minterm dessen Primterm(e) Teilemenge eines zweiten Minterms ist (sind), so kann der Minterm mit Obermenge an Primtermen gestrichen werden.

- Existiert in einer Spalte lediglich ein Primimplikant, so wird dieser als Kernimplikant deklariert. Kernimplikanten sind in jedem Fall Teil der Lösung des Minimierungsprozesses.

	M1	M2	M3	M4	M5	M6	M7	M8
P1	✓			✓				
P2				✓		✓		
P3						✓	✓	
P4							✓	✓
P5	✓	✓	✓		✓			

Tab. 4.4.1.1: Primterm – Minterm – Tabelle

→ Liste der Minterme ✓ die durch lediglich einen Primterm dargestellt werden (Primterme die lediglich in einem Minterm vorhanden sind werden als Kernimplikanten bezeichnet):

M_2, M_3, M_5, M_8

Diese Minterme werden durch die Kernimplikanten P_4 und P_5 dargestellt. Die Kernimplikanten P_4 und P_5 sind damit bereits Teil der Gesamtlösung, da kein anderer Primterm die betreffenden Minterme $M_{2,3,5,8}$ darstellen kann. Weiterführend werden alle Minterme in denen die Kernimplikanten vorhanden sind aus der Tabelle entfernt.

	M1	M2	M3	M4	M5	M6	M7	M8
P1	✓			✓				
P2				✓		✓		
P3						✓	✓	
P4							✓	✓
P5	✓	✓	✓		✓			

Tab. 4.4.1.2: Primterm – Minterm – Tabelle nach Spaltendominanzprüfung

Die Spaltendominanz besagt, dass alle Minterme deren Zusammensetzung aus einem Kernimplikanten selbst oder einer Obermenge des Kernimplikanten bestehen (Kernimplikant + weitere Primimplikanten) gelöscht werden können.

Weitere Reduzierungen der Tabelle ergeben sich eventuell durch das folgende Zeilendominanzverfahren.

4.4.2 Zeilendominanzprüfung:

Bei der Zeilendominanzprüfung werden nunmehr die Zeilen der Primterme verglichen. Kann eine Zeile eines Primterms durch eine andere Zeile substituiert werden, oder ist ein Primimplikant nicht in einem der Minterme enthalten, so können diese Zeilen gelöscht werden. Folgende Tabelle stellt das Resultat aus der vorhergehenden Spaltendominanzprüfung dar:

	M4	M6
P_1	✓	
P_2	✓	✓
P_3		✓
~~P_4~~		
~~P_5~~		

Tab. 4.4.2.1: Primterm – Minterm – Tabelle nach Zeilendominanzprüfung

Die Zeilen der Primterme P4 und P5 können gelöscht werden, da keiner der noch vorhandenen Minterme durch diese Primterme abgebildet wird. Eine weitere Minimierung ergibt sich durch redundante Zeileninhalte. Können nun Primterme durch andere komplett substituiert werden, so bildet das Substituens ($\rightarrow$ der Primterm der andere ersetzt) die vereinfachte Tabelle. In diesem Fall kann P_1 und P_3 komplett durch P_2 ersetzt werden, da sie beide jeweils eine Untermenge von P_2 bilden.

	M4	M6
~~P_1~~	✓	
P_2	✓	✓
~~P_3~~		✓

Tab. 4.4.2.2: Primterm – Minterm – Tabelle (Restetabelle)

Die Primterm-Minterm-Tabelle wurde damit auf einen nicht zu verkleinernden Status minimiert. Der letzte Minterm zur Lösung der Gesamtaufgabe ist dadurch P_2.

	M4	M6
P_2	✓	✓

Tab. 4.4.2.3: Minimale Primterm – Minterm – Tabelle

Aus der Spalten- und Zeilendominanzprüfung resultieren die Primterme P_2, P_4 und P_5 welche sich nicht weiter vereinfachen lassen. Die minimale Lösung der Aufgabenstellung nach Quine / McCluskey ist durch die disjunktive Normalform dieser Primterme gegeben:

$$Z = P_2 \vee P_4 \vee P_5 = \left(A \wedge \overline{B} \wedge \overline{C}\right) \vee (A \wedge B \wedge D) \vee \left(\overline{A} \wedge \overline{D}\right) \tag{4.4.2.1}$$

Würden an dieser Stelle P_1 und P_3 gewählt, hätte die Funktion folgende Gestalt:

$$Z = P_1 \vee P_3 \vee P_4 \vee P_5 = \left(\overline{B} \wedge \overline{C} \wedge \overline{D}\right) \vee \left(A \wedge \overline{C} \wedge D\right) \vee (A \wedge B \wedge D) \vee \left(\overline{A} \wedge \overline{D}\right) \tag{4.4.2.2}$$

Beide Gleichungen liefen eine disjunktive Normalform der Lösung, allerdings ist (4.4.2.1) die minimale Lösung und wird daher bevorzugt.

Die Spalten- und Zeilendominanzprüfung kann in mehreren Iterationen erfolgen, da sich durch die Reduzierungen der Tabelle eventuell neue Möglichkeiten durch Dominanzprüfungen ergeben. Die Prüfungen sind so lange zu wiederholen, bis keine Vereinfachungen mehr möglich sind.

5. Optimierung von Schaltnetzen

Zunächst soll in diesem Kapitel die graphische Darstellung einer Aufgabestellung geklärt werden. Aus den vorangehenden Erläuterungen ist nunmehr bekannt wie sich die mathematischen Zusammenhänge ergeben. Um nun die eigentliche Schaltung zur jeweiligen Aufgabenstellung entwickeln zu können werden im ersten Abschnitt die grundlegenden Symbole zur Schaltungstechnik vorgestellt.

5.1 Verwendete Schaltgatter in der Digitaltechnik

In der Digitaltechnik werden verschiedene genormte Symbole verwendet um logische Verknüpfungen graphisch darstellen zu können.

5.1.1 AND und NAND Gatter

Das AND-Gatter folgt der booleschen Funktion $A \wedge B = C$. Das NAND Gatter entspricht der invertierten UND-Funktion $\overline{A \wedge B} = C$.

und kann mit folgendem Symbol dargestellt werden

Abb. 5.1.1.1: Symbole AND- und NAND-Gatter (IEC-Norm / Europa)

Abb. 5.1.1.2: Symbole AND- und NAND-Gatter (ANSI-Norm / USA)

Die Wahrheitstabellen der Gatter sind in folgender Übersicht dargestellt:

$A \wedge B = C$	A	B	C
	0	0	0
	0	1	0
	1	0	0
	1	1	1

$\overline{A \wedge B} = C$	A	B	C
	0	0	1
	0	1	1
	1	0	1
	1	1	0

Tab. 5.1.1.1: Wahrheitstabelle AND- und NAND-Gatter

5.1.2 OR und NOR Gatter

Das OR-Gatter folgt der booleschen Funktion $A \vee B = C$. Das NOR Gatter entspricht der invertierten AND-Funktion $\overline{A \vee B} = C$.

und kann mit folgendem Symbol dargestellt werden

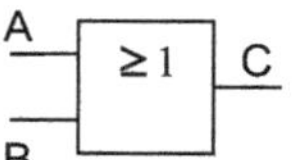
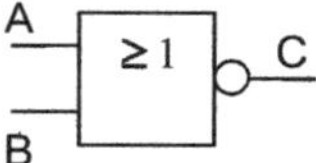

Abb. 5.1.2.1: Symbole OR- und NOR-Gatter (IEC-Norm / Europa)

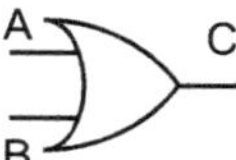
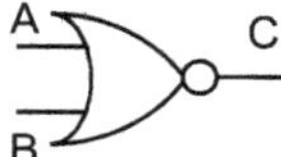

Abb. 5.1.2.1: Symbole OR- und NOR-Gatter (ANSI-Norm / USA)

Die Wahrheitstabellen der Gatter sind in folgender Übersicht dargestellt:

$A \vee B = C$	A	B	C
	0	0	0
	0	1	1
	1	0	1
	1	1	1

$\overline{A \vee B} = C$	A	B	C
	0	0	1
	0	1	0
	1	0	0
	1	1	0

Tab. 5.1.1.1: Wahrheitstabelle OR- und NOR-Gatter

5.1.3 Inverter

Der Inverter folgt der booleschen Funktion $Y = \overline{A}$ und kann mit folgendem Symbol dargestellt werden

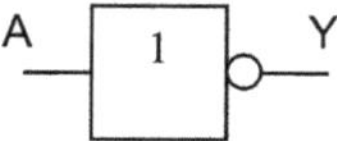

Abb. 5.1.3.1: Symbol Inverter (IEC-Norm / Europa)

Abb. 5.1.3.2: Symbol Inverter (ANSI-Norm / USA)

Die Wahrheitstabellen der Gatter sind in folgender Übersicht dargestellt:

$Y = \overline{A}$	A	Y
	0	1
	1	0

Tab. 5.1.3.1: Wahrheitstabelle Inverter

5.1.4 Äquivalenzelement

Am Ausgang eines Äquivalenz- oder auch XNOR-Gliedes (Exklusiv-Nicht-Oder)liegt immer dann der Zustand 1, wenn die Eingänge gleiche Zustände haben.

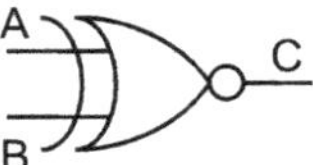

Abb. 5.1.4.1: Symbol Äquivalenzelement (IEC-Norm / Europa)

Abb. 5.1.4.2: Symbol Äquivalenzelement (ANSI-Norm / USA)

Die Wahrheitstabellen der Gatter sind in folgender Übersicht dargestellt:

$(A \wedge B) \vee (\overline{A} \wedge \overline{B}) = C$	A	B	C
	0	0	1
	0	1	0
	1	0	0
	1	1	1

Tab. 5.1.4.1: Wahrheitstabelle Äquivalenzelement

5.1.5 Antivalenzelement

Am Ausgang eines Antivalenz- oder auch XOR-Gliedes (Exklusiv-Oder) liegt immer dann der Zustand 1, wenn die Eingänge ungleiche Zustände haben.

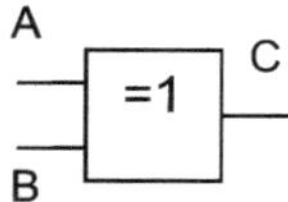

Abb. 5.1.5.1: Symbol Antivalenzelement (IEC-Norm / Europa)

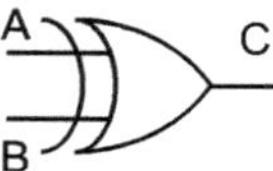

Abb. 5.1.5.2: Symbol Antivalenzelement (ANSI-Norm / USA)

Die Wahrheitstabellen der Gatter sind in folgender Übersicht dargestellt:

$\left(A \wedge \overline{B}\right) \vee \left(\overline{A} \wedge B\right) = C$	A	B	C
	0	0	0
	0	1	1
	1	0	1
	1	1	0

Tab. 5.1.4.1: Wahrheitstabelle Antivalenzelement

5.2 Verknüpfung logischer Gatter

Die im vorherigen Abschnitt vorgestellten logischen Gatter dienen als grundlegender Pool aller logischen Funktionen. Um eine boolesche Funktion aufzubauen, bzw. durch Hardware zu realisieren, müssen die vorgestellten Gatter miteinander verknüpft werden. Die Herangehensweise soll im Folgenden näher erläutert werden:

5.2.1 Gatter mit mehreren Eingängen

Es gibt Verknüpfungsschaltungen mit mehr als 2 Eingängen. Die Anzahl der möglichen Ausgangszustände beträgt 2^n, wobei n = Anzahl der Eingänge ist. Am folgenden Beispiel eines AND-Gatters mit 3 Eingängen soll die Verknüpfung dargestellt werden:

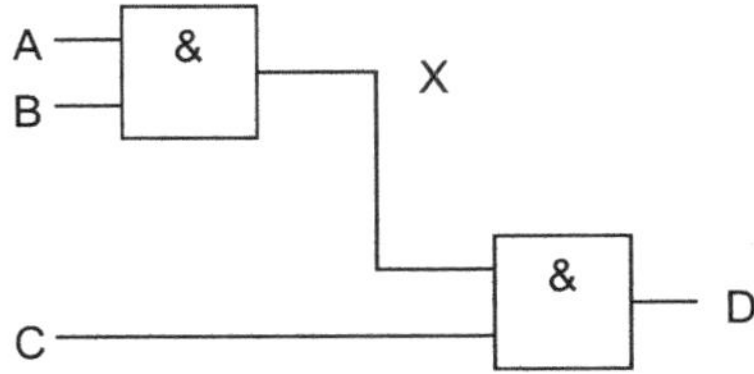

Abb. 5.2.1.1: AND – Gatter mit 3 Eingängen

Die AND-Funktion mit 3 Eingängen wird mit 2 einzelnen AND-Gattern wie in obiger Abbildung dargestellt aufgebaut. Die Wahrheitstabelle entsteht durch zusammenfügen der Einzellogiken über den Ausgang X:

$A \wedge B \wedge C = D$	C	B	A	X	D
	0	0	0	0	**0**
	0	0	1	0	**0**
	0	1	0	0	**0**
	0	1	1	1	**0**
	1	0	0	0	**0**
	1	0	1	0	**0**
	1	1	0	0	**0**
	1	1	1	1	**1**

Tab. 5.2.1.1: Wahrheitstabelle: AND – Gatter mit 3 Eingängen

5.2.2 Verknüpfung mehrerer Gatter

In der Digitaltechnik lässt sich jede boolesche Funktion mithilfe von logischen Gattern erstellen. Je nach Funktion sind dabei der Komplexität der Verknüpfungen lediglich Grenzen durch Hardwarebedingte Ressourcen gegeben. In einem ersten Schritt soll ein Beispiel zeigen, wie eine logische Verknüpfung aussehen kann, welche Funktion sie erfüllt und wie sie analysiert wird.

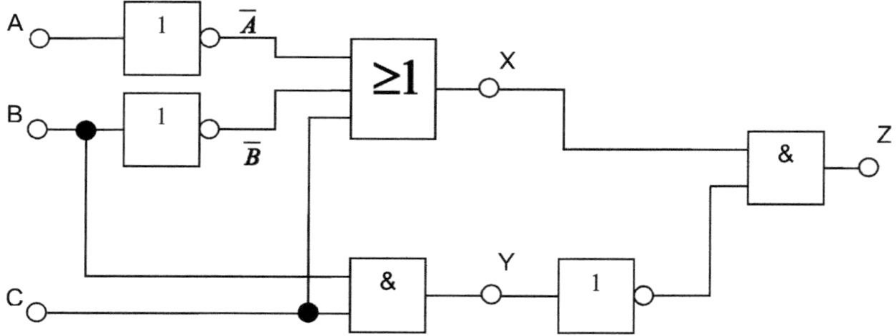

Abb. 5.2.2.1: Logische Schaltung mit mehreren Gattern

Um die Funktion der Verknüpfung aus Abb. 5.2.2.1 nun analysieren zu können, analysiert man zunächst die Signalwege von Eingang zu Ausgang und notiert die Teilergebnisse ($\overline{A}, \overline{B}$, X, Y). Letztlich führen die Teilergebnisse zur Gesamtfunktion der Verknüpfung und die boolesche Funktion ist ermittelt:

C	B	A	$\overline{A}$	$\overline{B}$	$X = \overline{A} \vee \overline{B} \vee C$	$Y = B \wedge C$	$\overline{Y}$	$Z = X \wedge \overline{Y}$
0	0	0	1	1	1	0	1	1
0	0	1	0	1	1	0	1	1
0	1	0	1	0	1	0	1	1
0	1	1	0	0	0	0	1	0
1	0	0	1	1	1	0	1	1
1	0	1	0	1	1	0	1	1
1	1	0	1	0	1	1	0	0
1	1	1	0	0	1	1	0	0

Tab. 5.2.2.1: Wahrheitstabelle zu Abb. 5.2.2.1

5.2.3 Substitution durch NOR- oder NAND-Verknüpfungen

Die Schaltalgebra ist auf den Grundfunktionen AND, OR und NOT aufgebaut. Jede Schaltung lässt sich aus beliebiger Kombination dieser Elemente realisieren. Daher sind diese Elemente Grundglieder.

Unter Anwendung der De Morgan'schen Gesetze kann man herleiten, dass jede AND-Verknüpfung aus OR und NOT-Verknüpfungen gebildet werden kann:

$$\overline{A \wedge B} = \overline{A} \vee \overline{B} \quad ; \quad \overline{\overline{A \wedge B}} = \overline{\overline{A} \vee \overline{B}} \quad ; \quad A \wedge B = \overline{\overline{A} \vee \overline{B}} \tag{5.2.3.1}$$

OR- und NOT-Schaltungen lassen sich ebenfalls mit NOR-Gliedern herstellen. Somit lassen sich letztlich wie bereits angekündigt alle logischen Schaltungen mit NOR-Gattern realisieren:

Unter Voraussetzung dass Z = Ausgang; A = Eingang Inverter; B = C = Eingänge NOR → Auf Signal A (Eingang Inverter):

$$A = \overline{Z} \quad \rightarrow \quad \overline{\overline{B \vee C}} = B \vee C = \overline{Z} \tag{5.2.3.2}$$

Eine AND-Schaltung lässt sich ebenfalls nur mit NOR-Gattern realisieren. Hierbei soll wieder die Voraussetzung gelten (Es werden 3 NOR-Gatter mit jeweils 2 Eingängen benötigt um eine AND-Schaltung zu realisieren):

Z = Ausgang; A, B = Eingänge AND; C,D,E,F,G,H = Eingänge NOR, E = F = A, G = H = B:

$$A \wedge B = Z \quad \rightarrow \quad C = \overline{E \vee F} \quad ; \quad D = \overline{G \vee H} ; \quad Z = \overline{\overline{E \vee F} \vee \overline{G \vee H}} \tag{5.2.3.3}$$

Die Substitution durch NAND- oder NOR- Gatter eröffnet wie bereits erwähnt die Möglichkeit jede digitale Schaltung mittels NAND- oder NOR- Gattern aufzubauen. Auch die Grundgatter lassen sich wie im Folgenden zu sehen substituieren.

NOT- / OR- / AND- Schaltung mittels NOR-Gatter

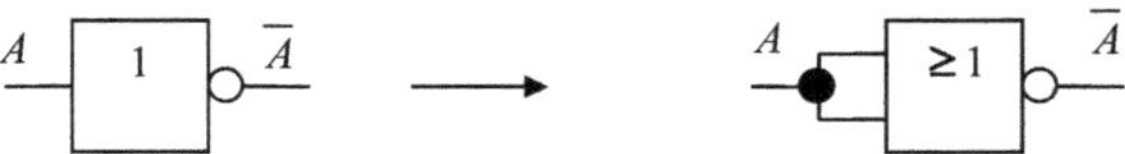

Abb. 5.2.3.1: NOT-Schaltung realisiert durch NOR-Gatter

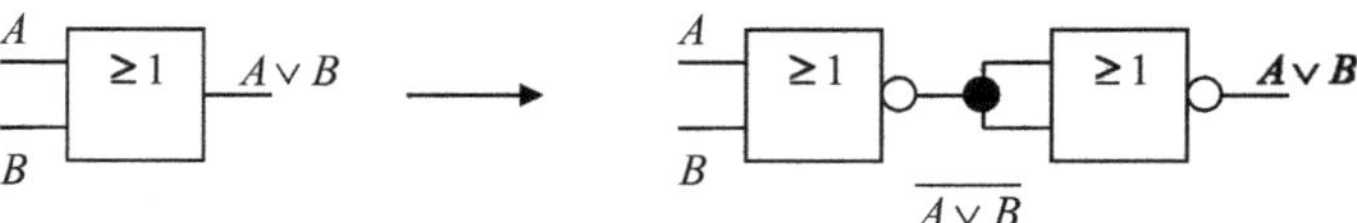

Abb. 5.2.3.2: OR-Schaltung realisiert durch NOR-Gatter

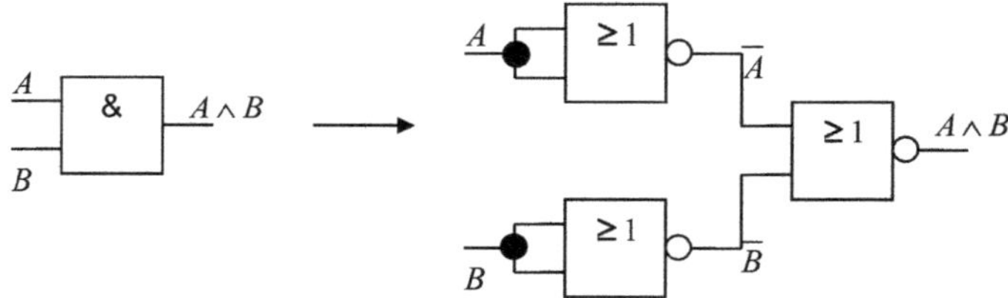

Abb. 5.2.3.3: AND-Schaltung realisiert durch NOR-Gatter

NOT- / OR- / AND- Schaltung mittels NAND-Gatter

Abb. 5.2.3.4: NOT-Schaltung realisiert durch NAND-Gatter

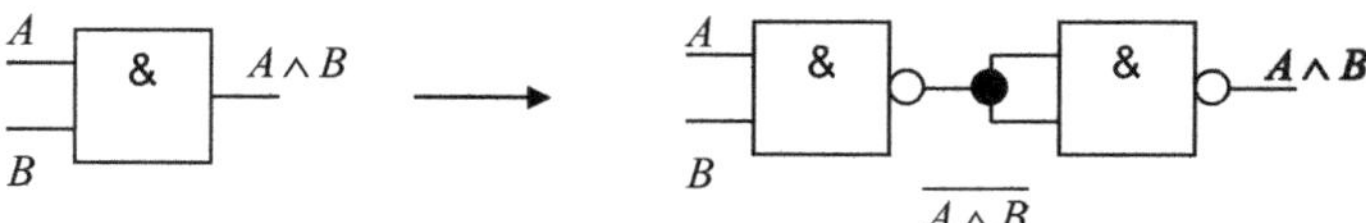

Abb. 5.2.3.5: AND-Schaltung realisiert durch NAND-Gatter

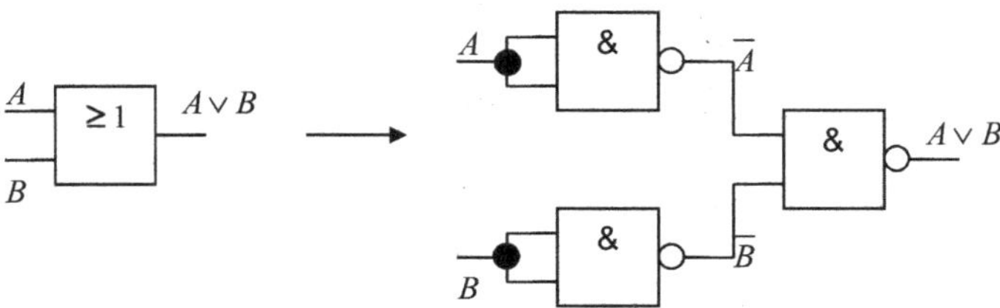

Abb. 5.2.3.6: OR-Schaltung realisiert durch NAND-Gatter

6. Schaltungsentwurf digitaler Schaltungen

In diesem Kapitel soll die Vorgehensweise beim Schaltungsentwurf digitaler Schaltungen erläutert werden. In den meisten Fällen stellt sich eine Aufgabenstellung etwa durch eine verbalisierte Form dar, bzw. resultiert sie aus einem Problem das während der Bewältigung anderer Projektschritte aufgetreten ist. Wir beziehen uns hier auf die wahrscheinlich am Häufigsten vorkommende verbalisierte Problemstellung. Aus dem Text müssen die Ein- und Ausgangsvariablen entnommen werden und die logische Zuordnung von 0 und 1 fixiert werden (Bsp.: Ventil geschlossen = 1). Dabei sollte darauf geachtet werden, dass die Ein- und Ausgangsvariablen klar voneinander getrennt sind (Beispiel: Eingänge A – K, Zwischensignale L – W, Ausgangssignale X – Z). Die Zwischensignale stellen hierbei diejenigen Signale dar, die in einer logischen Verknüpfung zwischen verschiedenen Gattern entstehen. Allerdings ist in dieser ersten Planungsphase nicht zu viel Zeit damit aufzuwenden alle möglichen Zwischensignale zu ergründen, da sich diese beim Entwurf der Schaltung von allein ergeben.

Sind alle Ein- und Ausgänge definiert muss die Wahrheitstabelle erstellt werden, in der alle möglichen Eingangsmöglichkeiten und das resultierende Ausgangssignal eingetragen werden.

Ist die Wahrheitstabelle vollständig ausgefüllt, kann die logische Verknüpfung aus Ihr herausgelesen und in eine boolesche Funktion übernommen werden. Mit dieser wird im vorerst letzten Schritt eine Vereinfachung und/oder Umformung vorgenommen, damit die später resultierende Schaltung mit möglichst geringem Aufwand aufgebaut werden kann.

Zusammenfassung:
- Festlegen der Ein- und Ausgangsvariablen
- Erstellen der Wahrheitstabelle
- Bestimmen der logischen Verknüpfungsschaltung
- Vereinfachung / Umformung mittels K-Diagramm, boolescher Algebra, ...

6.1 Aufbau einer Wechselschaltung

Aufgabentext: Der Ausgangszustand ist immer dann zu ändern, wenn sich eine der Eingangsvariablen ändert und der Ruhezustand der Eingänge nicht identisch ist. Ändern sich beide Eingangsvariablen, so soll sich der Ausgangszustand nicht ändern. Weiterhin ist die Schaltung mit NAND-Gattern zu realisieren.

Schritt 1: Festlegen der Ein- und Ausgangsvariablen

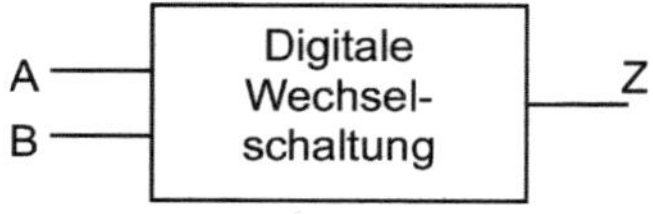

Abb. 6.1.1: Bsp. zur Festlegung der Ein- und Ausgangsvariablen

Schritt 2: Erstellen der Wahrheitstabelle

B	A	Z
0	0	0
0	1	1
1	0	1
1	1	0

Tab. 6.1.1: Bsp. Erstellen einer Wahrheitstabelle

Schritt 3: Bestimmen der logischen Verknüpfungsschaltung

Aus der Wahrheitstabelle (Tab. 6.1) werden die Funktionen zur Bestimmung der korrekten Funktion der Schaltung ermittelt:

$$Z = \left(A \wedge \overline{B}\right) \vee \left(\overline{A} \wedge B\right) \tag{6.1.1}$$

Schritt 4: Vereinfachung, Umformung

Wird (6.1.1) im K-Diagramm dargestellt stellt sich heraus, dass ein weitere Vereinfachung im Sinne der Verschmelzungen verschiedener Literale nicht möglich ist. Letztlich ist im Aufgabentext noch beschrieben, dass die Schaltung ausschliesslich mittels NAND-Gattern aufgebaut werden soll. Um dies zu realisieren, muss (6.1.1) noch umgeformt werden:

$$Z = \left(A \wedge \overline{B}\right) \vee \left(\overline{A} \wedge B\right) = \overline{\overline{\left(A \wedge \overline{B}\right)} \vee \overline{\left(\overline{A} \wedge B\right)}} = \overline{\overline{\left(A \wedge \overline{B}\right)} \wedge \overline{\left(\overline{A} \wedge B\right)}} \tag{6.1.2}$$

Mittels der umgeformten Gleichung (6.1.2), die nunmehr ausschliesslich aus NAND-Verknüpfungen besteht, kann die Schaltung aufgebaut werden.

Schritt 5: Aufbau der Schaltung

Der Aufbau der Schaltung nach (6.1.2) ist in folgender Abbildung dargestellt. In diesem Fall ist es nicht zwingend notwendig die Zwischensignale mit einem gesonderten Zeichen zu versehen, da der Aufbau recht übersichtlich ist.

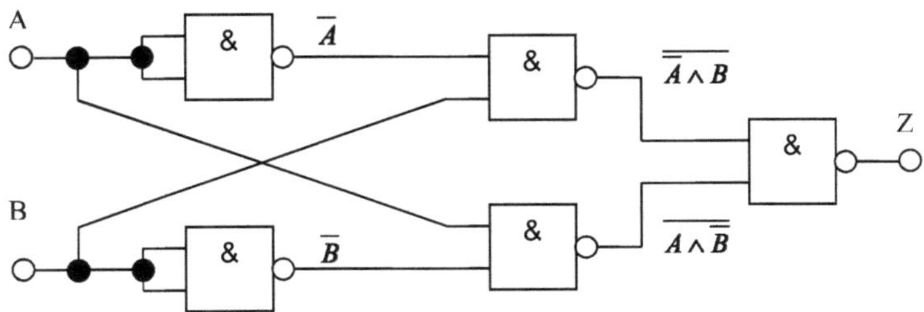

Abb. 6.1.2: Wechselschaltung aus NAND-Gattern

6.2 Aufbau einer 2-aus-3-Schaltung

Aufgabentext: Bei Anlagen die einen hohen Sicherheitsstandard erfüllen müssen, werden oft redundante Geber / Wächter eingesetzt. Gegeben seien in diesem Fall 3 Wächter. Beim Auslösen von 2 Wächtern (egal welche) soll eine Sicherheitsmaßnahme eingeleitet werden. Die Schaltung soll wiederum ausschliesslich mit NAND-Gattern realisiert werden.

Schritt 1: Festlegen der Ein- und Ausgangsvariablen

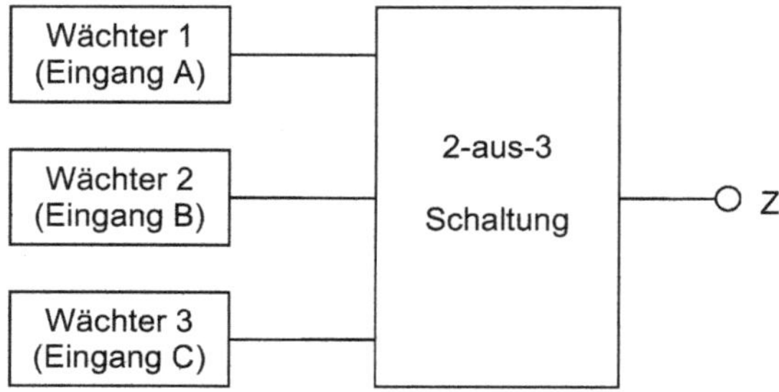

Abb. 6.2.1: Festlegung der Ein- und Ausgangsvariablen (2-aus-3-Schaltung)

Schritt 2: Erstellen der Wahrheitstabelle

C	B	A	Z
0	0	0	0
0	0	1	0
0	1	0	0
0	1	1	1
1	0	0	0
1	0	1	1
1	1	0	1
1	1	1	1

Tab. 6.2.1: Wahrheitstabelle (2-aus-3-Schaltung)

Schritt 3: Bestimmen der logischen Verknüpfungsschaltung

$$Z = \left(A \wedge B \wedge \overline{C}\right) \vee \left(A \wedge \overline{B} \wedge C\right) \vee \left(\overline{A} \wedge B \wedge C\right) \vee \left(A \wedge B \wedge C\right) \tag{6.2.1}$$

Schritt 4: Vereinfachung, Umformung

Die Gleichung (6.2.1) wird nun in einem K-Diagramm dargestellt um mögliche Vereinfachungen zu erkennen:

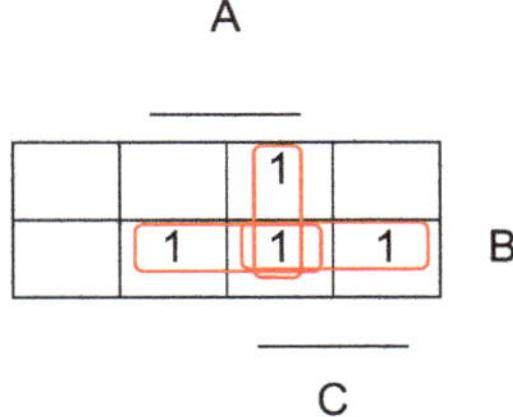

Abb. 6.2.2: 2-aus-3-Schaltung im K-Diagramm

Aus Abb. 6.2.2 können die vereinfachten Funktionsgleichungen für die 2-aus-3-Schaltung entnommen werden.

$$Z = (A \wedge B) \vee (A \wedge C) \vee (B \wedge C) \tag{6.2.2}$$

Um der Aufgabenstellung vor dem Aufbau gerecht zu werden, muss (6.2.2) in eine reine Verknüpfung aus NAND-Gattern überführt werden:

$$Z = (A \wedge B) \vee (A \wedge C) \vee (B \wedge C) = \overline{\overline{(A \wedge B)} \wedge \overline{(A \wedge C)} \wedge \overline{(B \wedge C)}} \tag{6.2.3}$$

Schritt 5: Aufbau der Schaltung

Im letzten Schritt kann (6.2.3) nun als Hardwareschaltung realisiert werden. Dazu werden die einzelnen Blöcke der Gleichung in ein Gatter gewandelt und an das jeweilige Eingangssignal angeschlossen.

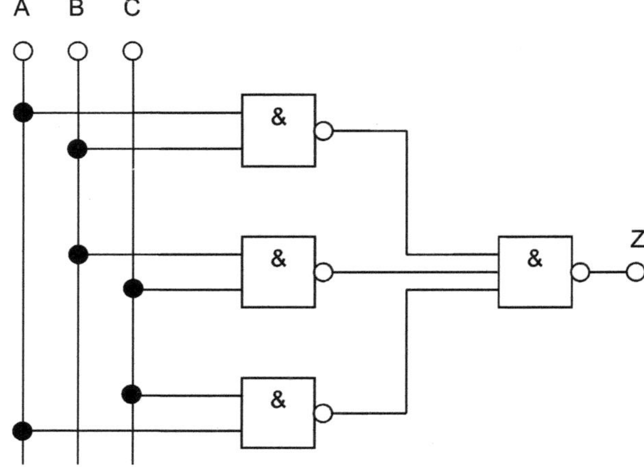

Abb. 6.2.3: Schaltungsaufbau der 2-aus-3-Schaltung

7. Flip – Flop – Schaltungen

Für die Digitaltechnik ist die Datenspeicherung eine unabdingbare Komponente. Das Grundelement für die Datenspeicherungen sind die so genannten bistabilen Kippglieder besser bekannt als Flip-Flops. Ein Flip-Flop ist ein Speicherglied mit zwei stabilen Zuständen.

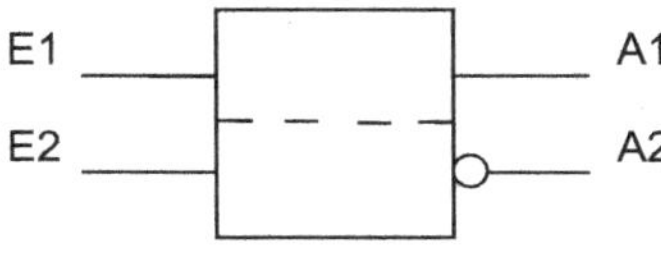

Abb. 7.1: Symbol – Flip-Flop

Der Hauptausgang ist A1, A2 zeigt den negierten Ausgang von A1 an. Die Bezeichnungen sind beliebig.

Flip-Flops sind die Grundelemente der sequentiellen Logik, welche für den Aufbau getakteter Schaltungen, wie etwa Schnittstellen oder auch Speichersystemen geeignet sind. Der Zustand des Ausgangs Q eines Flip-Flops muss sequentiell betrachtet werden, was durch die Form Q_n und dem zeitlich darauf folgendem Zustand Q_{n+1} gekennzeichnet wird. Ausgangstyp aller Flip-Flops ist das asynchrone RS-Flip-Flop. In der Praxis unterscheidet man zwischen Latches und Flip-Flops.

- Latches sind *Zustandgesteuert*; sie schalten in Abhängigkeit des Pegels (LOW oder HIGH)
- Flip-Flops sind *Taktflankengesteuert*; sie schalten in Abhängigkeit einer Takt-signalflanke (steigend oder fallend)

7.1 Allgemeine Vereinbarungen für Flip-Flops

7.1.1 Darstellung und Funktionsweise

Die Darstellungen und allgemeine Funktionsweisen von Flip-Flops im Rahmen dieser Veranstaltung sind auf verschiedene Vorgaben vereinbart, die im Folgenden kurz aufgelistet werden:

- Die Anschlüsse für Versorgungsspannungen werden grundsätzlich nicht gezeichnet,
- An den beiden Ausgängen liegen grundsätzlich entgegengesetzte Zustände,

- Zustand „1" an E1 schaltet das Flip-Flop auf A1 = 1. Diesen Vorgang nennt man *Setzvorgang*. Wenn A1 bereits „1" gesetzt war ändert sich nichts,

- Zustand „1" an E2 schaltet das Flip-Flop auf A2 = 1. Diesen Vorgang nennt man *Rücksetzen*. Wenn A2 bereits „1" gesetzt war ändert sich nichts,

- Zustände „0" an den Eingängen haben grundsätzlich keine steuernde Wirkung,

- Der Zustand von A1 kennzeichnet den Speicherzustand des Flip-Flops. Ist A1 = 1, so hat das Flip-Flop den Wert „1" gespeichert.

7.1.2 Statische und dynamische Betrachtung

Flip-Flops reagieren auf Anlegen eines Zustands an einen der Eingänge. Es wird unterschieden zwischen statischen Eingängen die auf den jeweiligen Eingangszustand reagieren und dynamischen Eingängen die auf eine Zustandsänderung am Eingang reagieren. Besonderes Augenmerk wird hierbei auf die dynamischen Zustandsänderungen gelegt, da diese in der Praxis häufiger vorkommen. Die dynamischen Zustandsänderungen lassen sich wiederum in eine Reaktion bei ansteigender Flanke oder abfallender Flanke untergliedern.

Bei Flip-Flops die auf eine Zustandsänderung bei steigender Flanke reagieren, wird das Eingangssignal wiefolgt am Baustein angezeichnet:

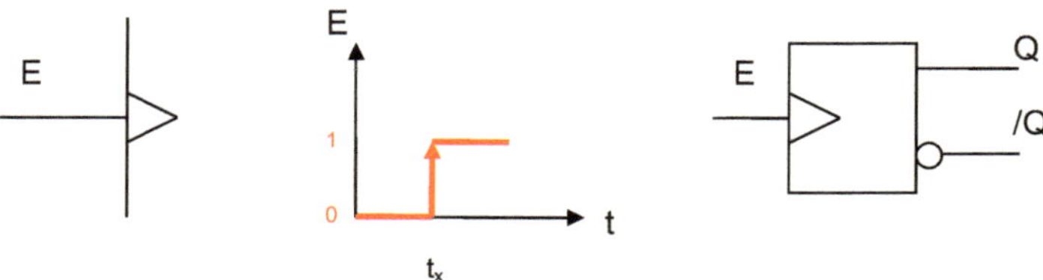

Abb. 7.1.2.1: Dynamische Zustandsänderung mit steigender Flanke

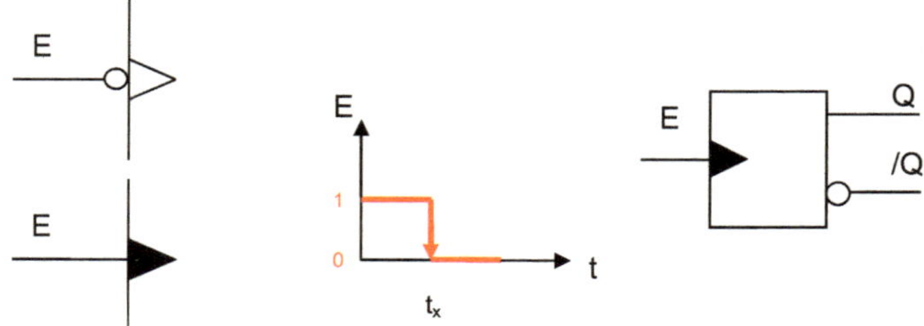

Abb. 7.1.2.2: Dynamische Zustandsänderung mit fallender Flanke

Bei den obigen Abbildungen wird der Schaltzeitpunkt t_x mit dem Zeitpunkt der Änderung des Eingangszustands angegeben. Die Eingänge eines Flip-Flops können auch miteinander verknüpft werden wodurch eine bessere Steuermöglichkeit gegeben wird. Beispielsweise kann durch Vorschaltung von AND-Gattern eine Taktabhängige Eingangssteuerung eines Flip-Flops realisiert werden.

Bei dem in Abb. 7.1.2.3 gezeigten Flip-Flop muss zusätzlich zu den Eingangssignalen S und R ein Taktsignal T an die AND-Verknüpfung angelegt werden. So wären folgende Zustände am Eingang und das resultierende Ausgangssignal möglich:

- Zustand „1" an S und „1" an T setzt den Ausgang A1 = 1
- Zustand „1" an R und „1" an T setzt den Ausgang A2 = 1
- Zustand „1" an R, S und T ruft einen Zustand hervor der bei Flip-Flops nicht erlaubt ist, das im gleichen Moment eine Setzen und Rücksetzen erfolgen würde. Der Ausgangszustand ist bei diesen Eingangszuständen ungewiss.

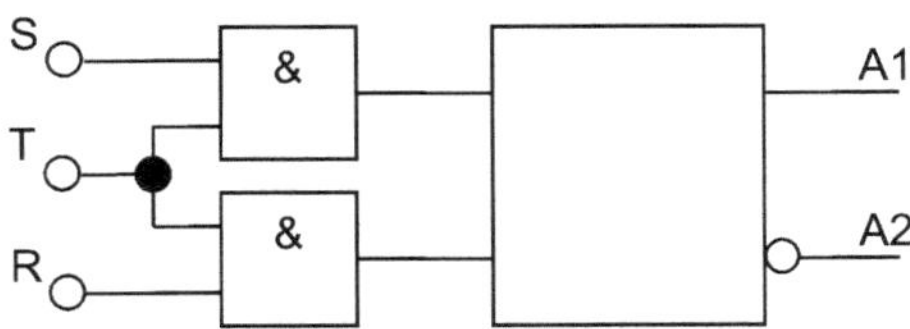

Abb. 7.1.2.3: Flip-Flop mit vorgeschalteten AND-Gattern

Die Vorgeschalteten Gatter des Flip-Flops werden im Fall der synchron gesteuerten Flip-Flops gesondert betrachtet.

7.2 Das zustandgesteuerte RS / SR Flip-Flop

Das RS oder SR Flip-Flop hat seinen Namen von den englischen Wörtern set für setzen und reset für Rücksetzen. Gemeint ist hierbei jeweils die Herstellung eines von zwei stabilen Zuständen eines rückgekoppelten Systems aus zwei Schaltgattern. RS Flip-Flops sind asynchrone, also nicht-taktgesteuerte Flip-Flops. Der Aufbau dieses Flip-Flops kann mit NAND oder NOR Gattern realisiert werden. Zur Klärung der Funktion wird zunächst die Variante mit NOR Gattern erläutert. Folgende Abbildung zeigt den Aufbau eines NOR-Flip-Flops (NOR-Latch):

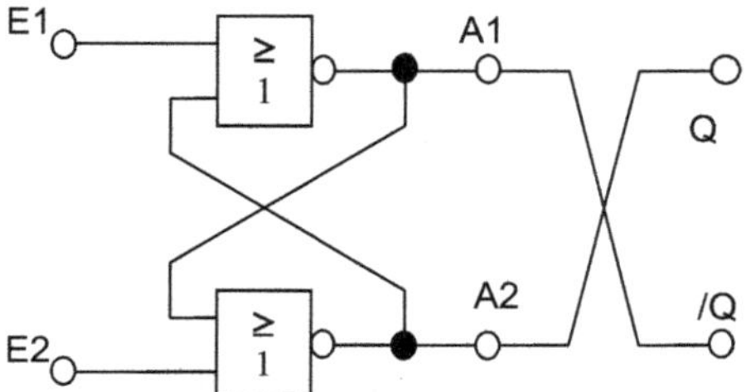

Abb. 7.2.1: NOR-Flip-Flop (NOR-Latch)

Um die Funktionsweise des NOR-Flip-Flops zu klären werden die verschiedenen Zustände in einer Wahrheitstabelle aufgezeigt. Weiterhin sind die Zustände bevor ein neuer Eingangszustand angelegt wird wichtig, da jeweils ein Eingangszustand vom Ausgang der Schaltung zurück auf den Eingang gekoppelt wird.

Unter Verwendung der Wahrheitstabelle für NOR-Glieder (s. Tab. 5.1.2.1) ergeben sich also folgende Zustände:

Fall	E2	E1	A1	A2	Zustand
1	0	0	X	X	Speicherfall
2	0	1	0	1	Setzen
3	1	0	1	0	Rücksetzen
4	1	1	0	0	Nicht erlaubt

Tab. 7.2.1: Wahrheitstabelle des NOR Flip-Flop

Um die sequentiellen Zustandsänderungen zu erläutern wird im Folgenden eine Fallbetrachtung von Fall zu Fall angestellt:

Fall 2	: E1 = 1 & E2 = 0	→	führt zu A2 = 1 & A1 = 0
Fall 2 nach Fall 1	: E1 = 0 & E2 = 0	→	führt zu keiner Änderung
Fall 2 nach Fall 3	: E1 = 0 & E2 = 1	→	führt zu A2 = 0 & A1 = 1
Fall 3 nach Fall 1	: E1 = 0 & E2 = 0	→	führt zu keiner Änderung

Fall x nach Fall 4   : irregulärer Zustand, da A1 = A2 wird!

Folgende Abbildung zeigt den Aufbau eines NAND-Flip-Flops (NAND-Latch):

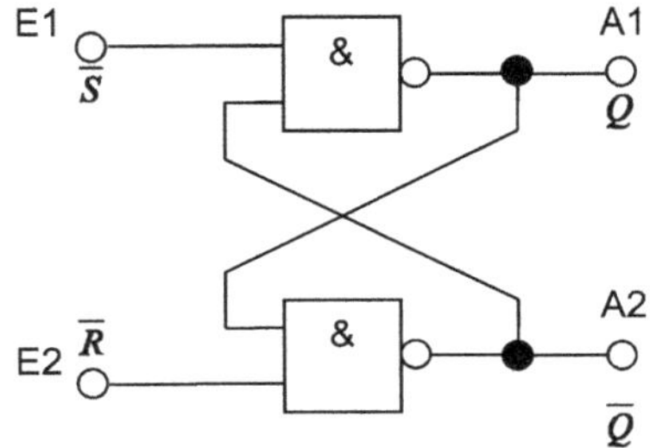

Abb. 7.2.2: NAND-Flip-Flop (NAND-Latch)

Um die Funktionsweise des NAND-Flip-Flops zu klären werden ebenfalls die verschiedenen Zustände in einer Wahrheitstabelle aufgezeigt. Weiterhin sind auch die Zustände bevor ein neuer Eingangszustand angelegt wird wichtig, da jeweils ein Eingangszustand vom Ausgang der Schaltung zurück auf den Eingang gekoppelt wird. Unter Verwendung der Wahrheitstabelle für NAND-Glieder (s. Tab. 5.1.1.1) ergeben sich also folgende Zustände:

Fall	E2	E1	A1	A2	Zustand
1	0	0	1	1	Irregulär
2	0	1	0	1	Rücksetzen
3	1	0	1	0	Setzen
4	1	1	X	X	Speichern

Tab. 7.2.2: Wahrheitstabelle des NAND Flip-Flop

Um die sequentiellen Zustandsänderungen zu erläutern wird im Folgenden eine Fallbetrachtung von Fall zu Fall angestellt:

Fall 3 : E1 = 0 & E2 = 1   →   führt zu A2 = 0 & A1 = 1 (setzen)
Fall 2 : E1 = 1 & E2 = 0   →   führt zu A2 = 1 & A1 = 0 (rücksetzen)

Fall 4 : E1 = 1 & E2 = 1   →   führt zu keiner Änderung (speichern)

Fall 1 : E1 = 0 & E2 = 0   →   irregulärer Zustand, da A1 = A2!

Zusammenfassend können folgende Aussagen über asynchrone Flip-Flops getroffen werden. Der Ausgangszustand ändert sich in kurzer Zeit nach der Änderung des Eingangszustands (Nanosekunden). Für beide Flip-Flop-Arten ist der Zustand „1" an beiden Eingängen nicht erlaubt da der Ausgangszustand damit ungewiss ist. Aus folgendem Impulsdiagramm können die Zustandsänderungen über der Zeit entnommen werden:

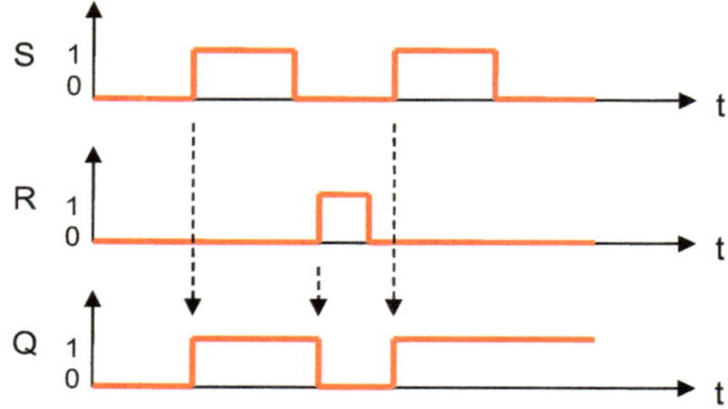

Abb. 7.2.3: Impulsdiagramm des RS Flip-Flops

7.3 Das taktzustandgesteuerte RS / SR Flip-Flop

Im Gegensatz zum vorher beschriebenen asynchronen RS-Flip-Flop benötigt das synchrone RS-Flip-Flop einen zusätzlichen Steuereingang oder Takt. Dazu wird das bekannte NAND- oder NOR-Latch mit einer Verschaltung von NAND-Gattern versehen um das zusätzliche Taktsignal verarbeiten zu können.

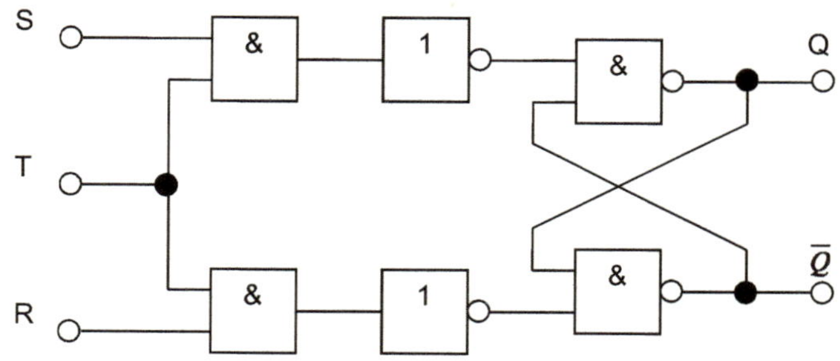

Abb. 7.3.1: Taktzustandgesteuertes RS-Flip-Flop (synchron)

Anhand des erweiterten Impulsdiagramms kann die Funktionsweise des synchronen RS Flip-Flops ermittelt werden:

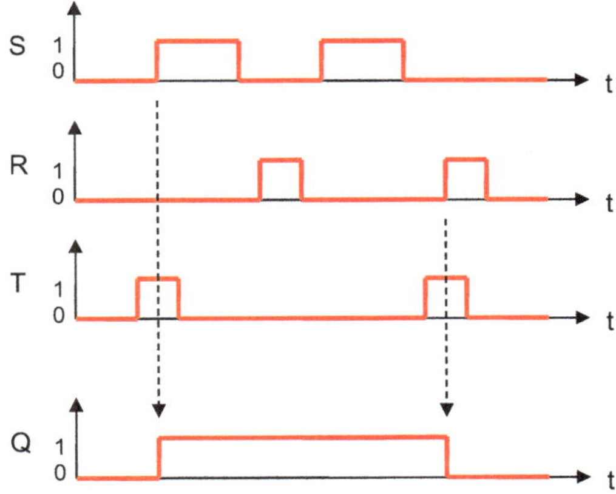

Abb. 7.3.2: Impulsdiagramm Taktzustandgesteuertes RS Flip-Flop

7.4 Das taktflankengesteuerte RS / SR Flip-Flop

Das taktflankengesteuerte RS Flip-Flop benötigt neben den Zustandseingängen ebenfalls einen zusätzlichen Eingang an dem ein Takt vorgegeben wird. Der Ausgang des Flip-Flops reagiert nunmehr auf die Flanke des Takts am Eingang und nicht mehr auf den Zustand. Zum Zeitpunkt einer Taktflankenänderung werden also die Eingänge abgefragt und entsprechend zu einem Ausgangszustand verarbeitet. Großer Vorteil der Taktflankensteuerung ist die Synchronität, da nunmehr auch mehrere Flip-Flops gleichzeitig angesteuert werden können und ein paralleles Ergebnis (Ausgangszustand) aller beteiligten Flip-Flops ausgelesen werden kann. Der Schaltungsaufbau ist identisch zum Aufbau des zustandgesteuerten Flip-Flops, mit dem Unterschied, dass bei den vorgeschalteten NAND-Gattern nunmehr ein Flankendetektor implementiert ist der die steigende oder fallende Flanke des Takts detektiert:

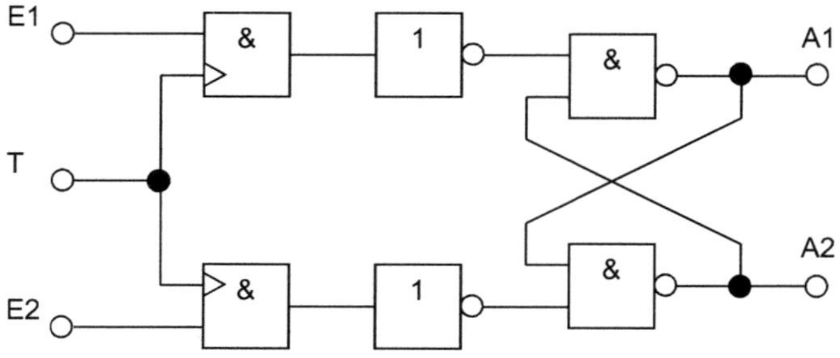

Abb. 7.4.1: Taktflankengesteuertes RS Flip-Flop

Das Flip-Flop kann nunmehr auf steigende oder fallende Flanken im Takt reagieren, indem zum Zeitpunkt der Flanke die Eingänge abgefragt und die Ausgangszustände gebildet werden. Es gibt sowohl Flips-Flop die auf die steigende Flanke reagieren also auch Flip-Flops die auf die fallende Flanke reagieren. Der Unterschied im Schaltsymbol ist an dem Negationszeichen am Takteingang zu erkennen. Das allgemeingültige Symbol für RS-Flip-Flops wird nunmehr durch den Takt und die Flankendetektion erweitert:

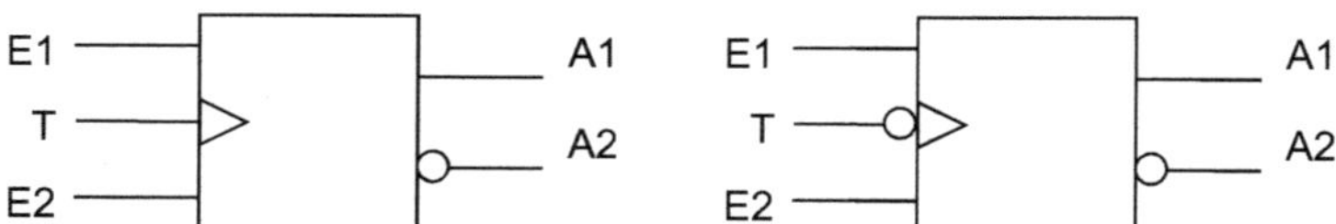

Abb. 7.4.2: Symbol taktflankengesteuerter Flip-Flops

(steigende, fallende Flanke)

Im folgenden Impulsdiagramm des taktflankengesteuerteten RS Flip-Flops kann wiederum die Funktionsweise der Bausteins entnommen werden. Das Flip-Flop triggert in diesem Fall mit fallender Flanke:

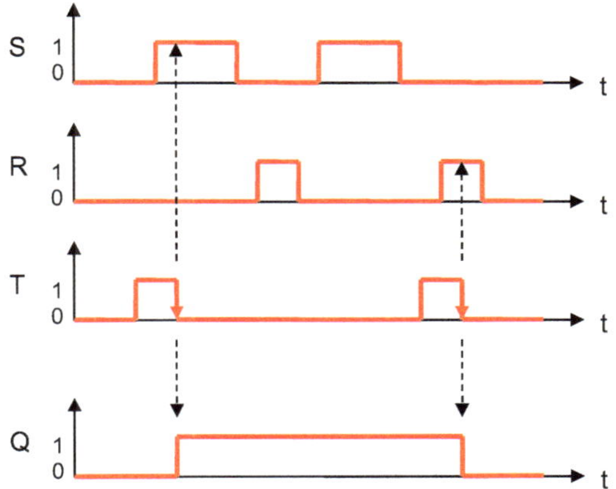

Abb. 7.4.3: Impulsdiagramm des taktflankengesteuerten Flip-Flops

(fallende Flanke)

7.5 Das JK Flip-Flop

Das JK Flip-Flop ist eine Weiterentwicklung des RS Flip-Flops, in dem der nicht erlaubte Zustand „1" an beiden Eingängen zu einem nutzbaren Zustand umgewandelt wird. Dies wird realisiert, indem dem gezeigten RS-Flip-Flop zwei AND-Gatter vorgeschaltet werden (s. Abb. 7.5.1).

Mithilfe dieser neuen Verschaltung ist ein anlegen des Zustands „1" an beide Eingänge möglich und in manchen Anwendungen auch gewünscht.

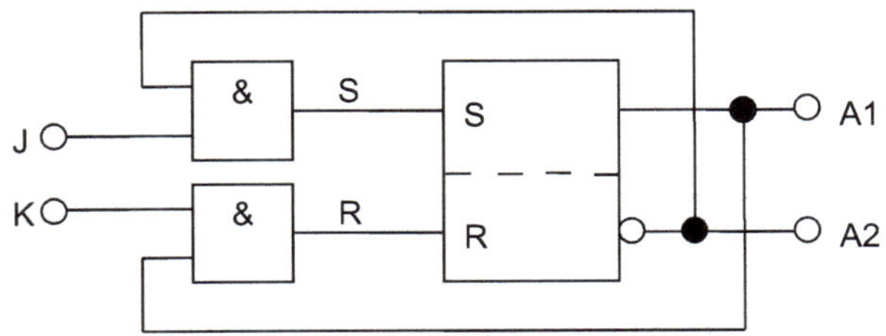

Abb. 7.5.1: Erweiterung des RS zum JK Flip-Flop

Aus der folgenden Wahrheitstabellen kann die Funktionsweise des JK Flip-Flops entnommen werden:

J	K	A1	A1+
0	0	0	0
0	0	1	1
0	1	0	0
0	1	1	0
1	0	0	1
1	0	1	1
1	1	0	1
1	1	1	0

Tab. 7.5.1: Wahrheitstabelle des JK Flip-Flops

Die Besonderheit des JK Flip-Flops ist, dass der Zustand „1" an beiden Eingängen erlaubt ist. Er führt am Ausgang des Flip-Flops zu einem Toggeln des Zustands. D.h. Der Zustand wechselt ständig. Dieser Schwingungszustand ist beim JK-FF auch nicht unbedingt erwünscht, da das Toggeln ohne Takt nicht verwertbar ist. Das folgende Impulsdiagramm zeigt wiederum die Funktionsweise des JK Flip-Flops und den besonderen Zustand wenn die Eingänge J und K gleichzeitig auf „1" liegen.

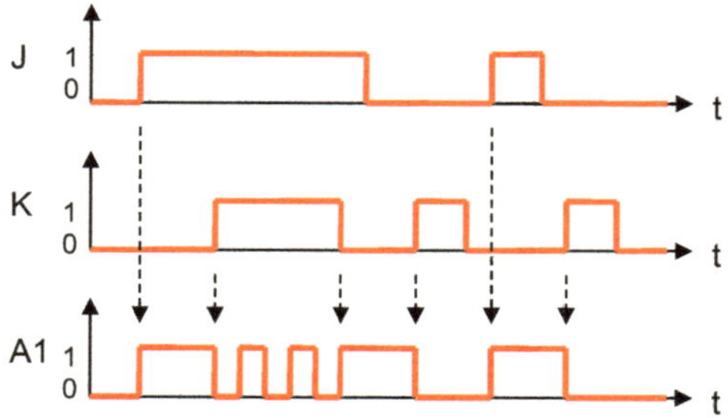

Abb. 7.5.2: Impulsdiagramm des JK Flip-Flop

7.6 Das T Flip-Flop

Das T Flip-Flop (T für toggle = taumeln) ist eine ganz einfach Variante des JK Flip-Flops. Die Eingänge J und K werden beim T Flip-Flop einfach zusammen gezogen.

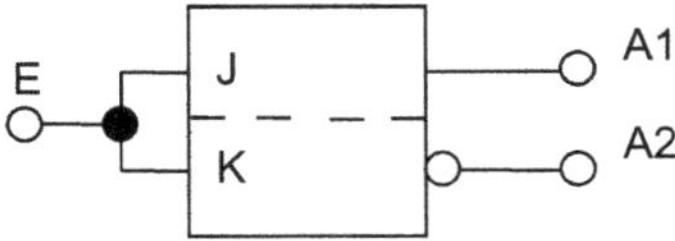

Abb. 7.6.1: Symbol T Flip-Flop

Wird am Eingang E des T Flip-Flops also eine „1" angelegt, so toggelt der Ausgang. Dies ist je nach Anwendung gewünscht und kann je nach Ausführung und Beschaltung des Flip-Flops mit unterschiedlichen Frequenzen erfolgen.

7.7 Das D Flip-Flop

Dieses Flip-Flop (D für Delay = Verzögerung) kann nur bedingt als 1-Bit-Datenspeicher angesprochen werden. Wie das JK Flip-Flop ist das D Flip-Flop eine einfach Variante des RS Flip-Flops. Nach Abb. 7.7.1 wird es von jeder angelegten „1" gesetzt und von jeder „0" zurückgesetzt. Letztlich dient das D Flip-Flop zur Verzögerung des Signals vom Ein- zum Ausgang. Je nach Beschaltung und sonstigen Ansteuerung des Flip-Flops kann diese Verzögerungszeit beeinflusst werden.

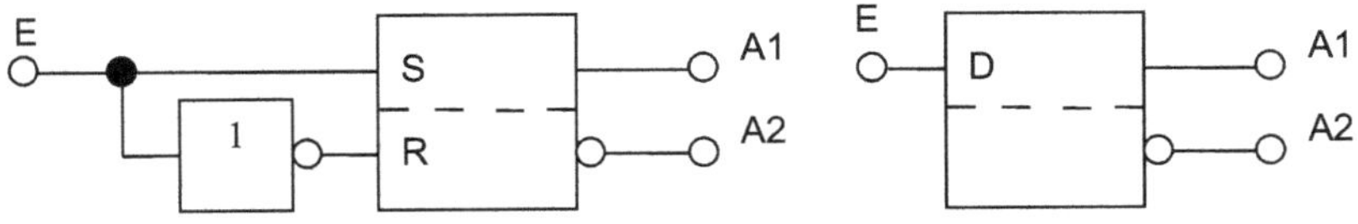

Abb. 7.7.1: Symbol D Flip-Flop

7.8 Taktsteuerung und Rücksetzen von Flip-Flops

Häufig möchte man den Zustandswechsel, d.h. das „Schalten" von Flip-Flops von einer weiteren Bedingung (neben den Eingangssignalen) abhängig machen. Meist ist diese Bedingung ein Taktsignal das im System zur Verfügung steht oder für die Schaltung erstellt werden muss (Bsp. Takt für Controller im EDV-System). Der Takt sorgt für Synchronismus im kompletten System und erleichtert damit den Überblick auch bei vielen parallel ablaufenden Prozessen, denn Änderungen ereignen sich erst mit dem Taktsignal. Meist werden Rechtecksignale als Takt verwendet, da diese über klar definierte Flanken, Anstiegs-, Abfallzeiten und Informationen über die Impulsdauer verfügen. Am Beispiel des JK Flip-Flops soll die Implementierung des Takts wiederum erläutert werden:

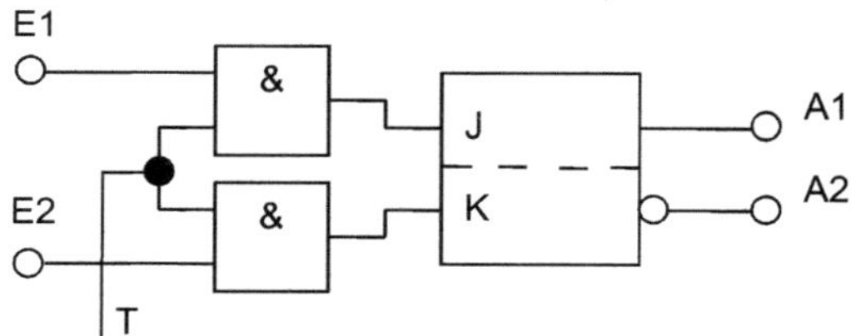

Abb. 7.8.1: Taktzustandgesteuertes JK Flip-Flop

Die in Abb. 7.8.1 dargestellte Schaltung fragt bei T = 1 die Eingänge E1 und E2 ab und gibt die Zustände an das JK Flip-Flop weiter. Die gleiche Ausführung wird noch als taktflankengesteuertes Flip-Flop verwirklicht (fallende oder steigende Flanke). Die jeweiligen Symbole sind in folgender Abb. 7.8.2 dargestellt:

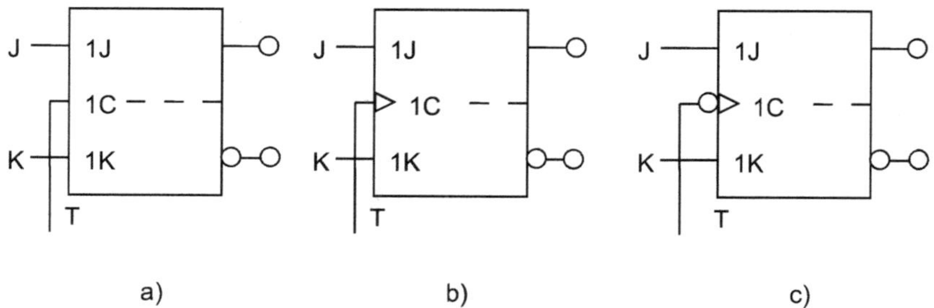

Abb. 7.8.2: a) taktzustandsgesteuert; b) positiv flankengesteuert; c) negativ

flankengesteuert

Im folgenden Impulsdiagramm wird das Verhalten eines positiv-taktflanken-gesteuerten JK Flip-Flops dargestellt:

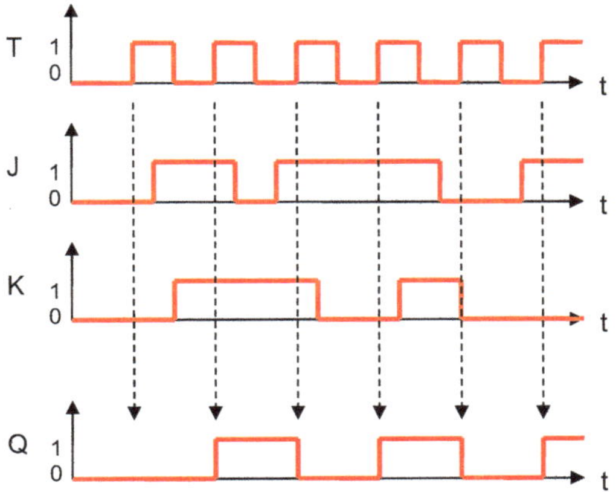

Abb. 7.8.3: Impulsdiagramm des von den positiven Taktflanken getriggerten JK Flip-Flops

Eine Weiterentwicklung des JK-Flip-Flops stellt das JK-Master-Slave-FlipFlop (JK-MS-FF) dar. Diese sollen hauptsächlich dazu dienen, dass eine (binäre) Zustandsänderung nicht während einer Zustandsabfrage erfolgt. Im Prinzip braucht man dafür zwei gegeneinander verschobene Taktsignale und zwei hintereinander geschaltete FlipFlops. Das zweite Taktsignal wird üblicherweise durch Negation des ursprünglichen gewonnen. In folgender Abbildung ist der Aufbau eines JK-MS-FF dargestellt:

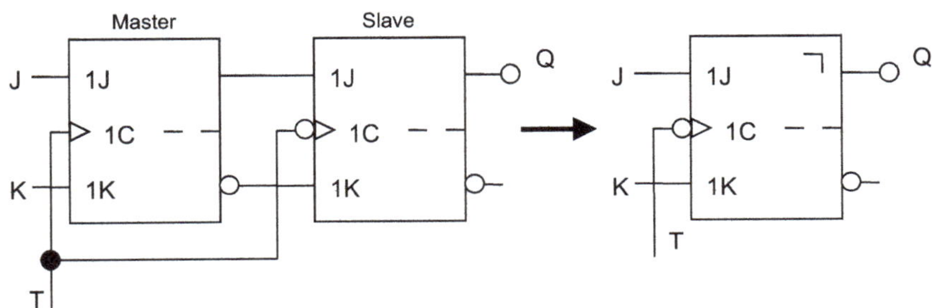

Abb. 7.8.4: Aufbau JK-MS-FF mit Taktflankensteuerung

Das Häkchen im Symbol des JK-MS-FF steht für die Verzögerung des Gatters. Irrtümlicherweise wird es oftmals mit der Flankensteuerung verwechselt. Aus dem Impulsdiagramm wird deutlich, dass die Änderung am Ausgang verzögert um den Taktflankenwechsel geschieht. Die Verzögerung beträgt eine Impulsbreite des Taktes, da das Ausgabe JK-FF (Slave) mit der invertierten Flanke des Eingabe Flip-Flops (Master) angesteuert wird. Am Beispiel eines pulsgesteuerten JK-MS-FF soll nun das Impulsdiagramm über der Zeit Aufschluß über die Funktion geben. Im Gegensatz zu den vorher vorgestellten FlipFlops ist darauf zu achten, dass die Negation des Taktes auf das Slave-FlipFlop bezogen ist. Bei gekennzeichnet-negiertem Takt wird also mit der positiven Taktflanke in den Master eingelesen und mit der negativen Taktflanke ausgegeben:

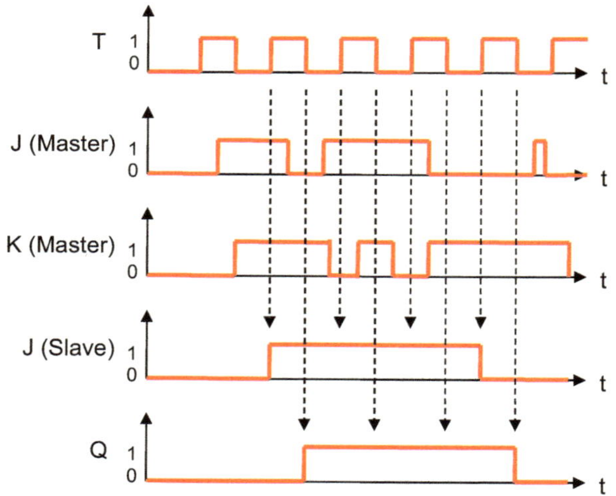

Abb. 7.8.5: Impulsdiagramm eines JK-MS-FF (positiv-Puls-gesteuert)

Bei den meisten Flip-Flops liegt nach dem Einschalten der Stromversorgung ein zufälliger, d.h. nicht reproduzierbarer Zustand vor, auch wenn nur die Zustände $Q(0) = 0$ und $Q(0) = 1$ zur Wahl stehen. Bei größeren Schaltungen mit vielen teils offenen, teils rückgekoppelten Wirkungsketten könnte das zu inneren Systemblockierungen führen. Daher sind bei kommerziell hergestellten Flip-Flops regelmäßig Rücksetzeingänge vorgesehen. Diese Rücksetzeingänge wirken insofern auf das Flip-Flop, indem auf den Setz-Eingang eine „0" gelegt wird und auf den

Rücksetzeingang eine „1". Meist werden diese Schaltungen mittels eines D-Flip-Flops realisiert (s. Abb. 7.8.6). Das Reset-Signal wird kurz und synchron an allen Bausteinen angelegt, so dass nachdem ein Reset erfolgte eine bekannte Startbedingung vorherrscht.

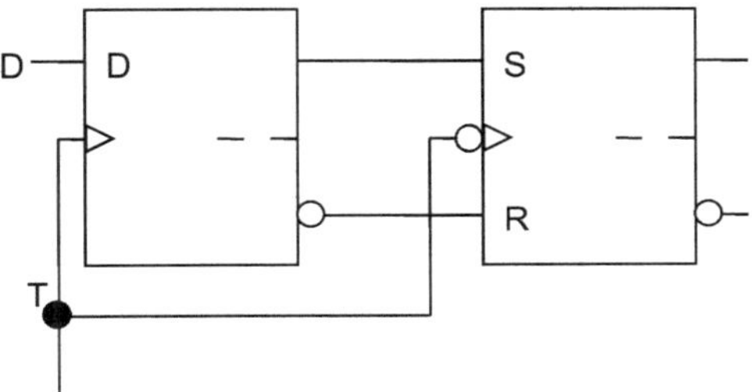

Abb. 7.8.6: Rücksetzen eines RS Flip-Flops

8. Register- und Speicherschaltungen

In diesem Kapitel sollen die bisher erlernten Grundlagen in die Praxis umgesetzt werden, indem anhand der einzelnen Bausteine und Regeln verschiedene Schaltnetze aufgebaut und erklärt werden die in nahezu allen elektrischen Geräten zu finden sind.

8.1 Flip-Flop Speicher

Flip-Flops wurden bereits in Ihrer grundsätzlichen Funktion vorgestellt und diesen hier als Grundlage für weiterführende Überlegungen. Ziel in der EDV ist unter anderem Informationen abzuspeichern um sie zu einem späteren Zeitpunkt für einen anderen Rechen- oder Operationsschritt weiterverwenden zu können. Die verschiedensten Informationen werden in sogennnten Registern abgespeichert. Hier sollen nun verschiedene Arten von Registern vorgestellt werden.

8.1.1 Der Wortspeicher (Register)

Die einfachste Art eines Speichers ist die Aneinanderreihung mehrerer Flip-Flops wobei jedes Flip-Flop 1bit speichert (Bsp. D-Flip-Flop). Die Informationen müssen abgespeichert werden um ein weiteres Verarbeiten zu ermöglichen. Meist werden für eine Operation oder einen Arbeitsschritt im System mehrere, teilweise (quasi-)parallel laufende Prozesse benötigt. Wenn ohne Zwischenspeicher gearbeitet würde müsste jede Operation sequentiell durchlaufen werden ohne auf parallel laufende Prozesse ausweichen zu dürfen. Weiterhin wäre dieses starre sequentielle arbeiten an viele Rückkopplungen im System gebunden die wiederum das System instabeil machen könnten. Es gilt also stets die Folge: Schaltnetz → Register → Schaltnetz → Register → ... Das Schaltnetz könnte in diesem Fall beispielsweise eine Rechenoperation beinhalten. In folgender Abbildung ist der Ablauf einer Multiplikation schematisch dargestellt:

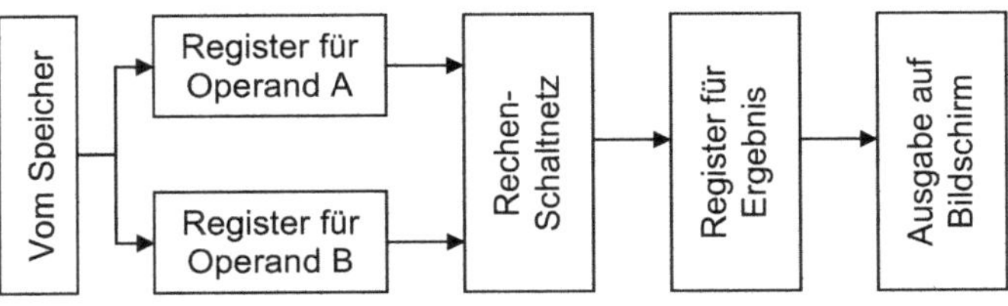

Abb. 8.1.1.1: Auffangregister beim Rechnen

Diese Wortspeicher oder Register werden mit Flip-Flops realisiert. Diese können einmal normale JK-FFs sein. Die Schaltung eines Registers würde dann wie in folgender Abbildung dargestellt aussehen:

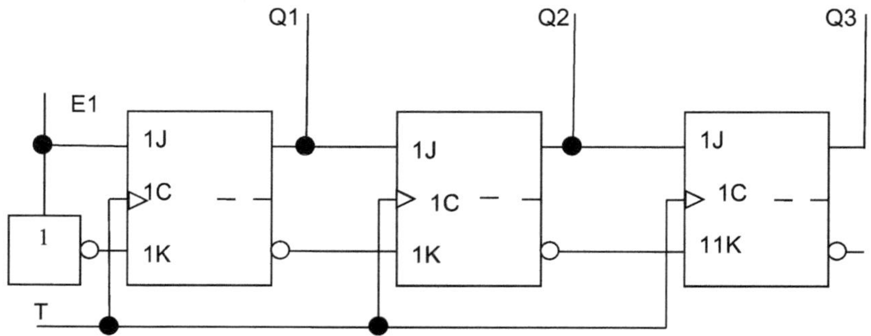

Abb. 8.1.1.2: 1-bit-Speicher mit JK-FFs

Die Einfachheit dieser Schaltung bringt jedoch einen entscheidenden Nachteil. Sind die Flanken des Taktes nicht steil genug, kann ein Zustand ein FF zu weit rutschen. Während des Normalbetriebes wird mit steigender Flanke des Taktes der Zustand an E1 zum Zeitpunkt t_1 an Q1 übergeben. Von Detektion der Taktflanke bis zur Übergabe der Information an Q1 vergehen in der Regel nur wenige Nanosekunden (wenn überhaupt!!). Sollte also der Zustand von E1 an Q1 (und damit am Eingang des zweiten FFs liegen) noch in die steigende Flanke des Taktes fallen (t_2), so würde das zweite FF auch gesetzt werden. Die Flankensteilheit des Taktes muss also höher sein als die Dauer der Übergabe des FF-Setzvorgangs.

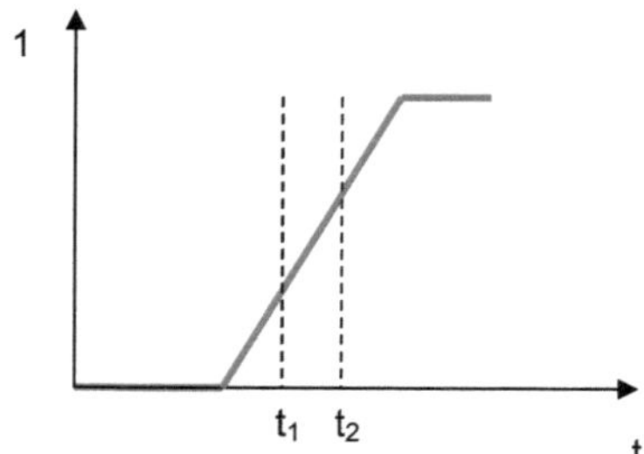

Abb. 8.1.1.3: Langsame Taktflanke für 1-bit-Speicher

Diesem Problem kann Abhilfe geschaffen werden indem anstelle der JK-FFs die bereits vorgestellten JK-MS-FFs eingesetzt werden:

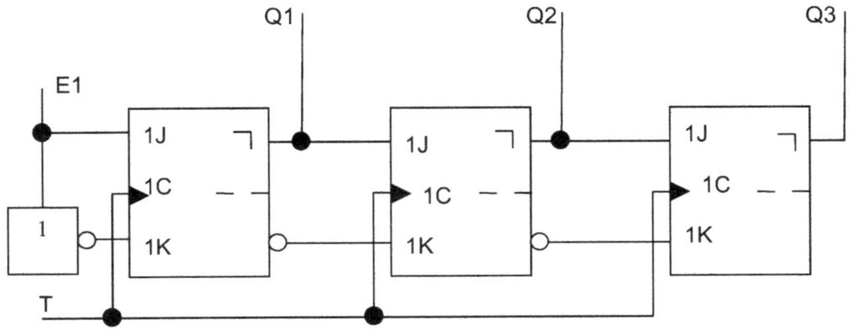

Abb. 8.1.1.4: 1-bit-Speicher mit JK-MS-FFs

Die JK-MS-FFs sind an dieser Stelle besser geeignet, da die Flankensteilheit nur zweitrangig beachtet werden muss. Der Ausgangszustand jedes JK-MS-FFs wird erst mit der fallenden Flanke des globalen Taktes erzeugt. Die fallende Flanke wiederum hat am Eingang des Folge-MS-FFs keine Auswirkung.

8.1.2 Das Schieberegister

Schieberegister sind Register in denen ein Bitmuster in einer Richtung verschoben werden kann, d.h. Von jedem Register-Flip-Flop zu einem seiner Nachbarn (insofern Nachbarn vorhanden).

8.1.2.1 Schieberegister mit serieller Eingabe

Ein möglicher Aufbau für ein 4Bit Schieberegister mit serieller Eingabe anhand von D-MS-FF ist in folgender Abbildung 8.1.2.1.1 dargestellt. Das zu schiebende Muster wird seriell am ersten FlipFlop eingespeist und mit jedem Takt um ein FF weiter nach rechts verschoben. Während des Schiebevorgangs können die Daten entweder parallel abgegriffen werden, oder am letzten FlipFlop des Schieberegisters wiederum seriell ausgegeben werden. Dieses einfachste Schieberegister ist mit D-FFs realisiert.

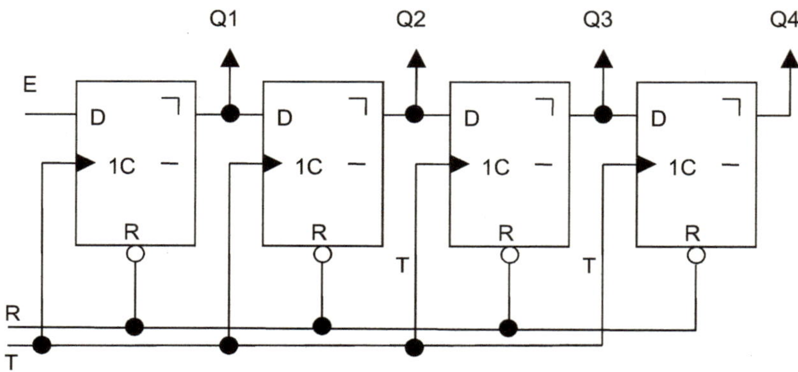

Abb. 8.1.2.1.1: Schieberegister aus 4 D-MS-FF

Das folgende Impulsdiagramm zeigt den zeitlichen Verlauf eines an E angelegten Zustands:

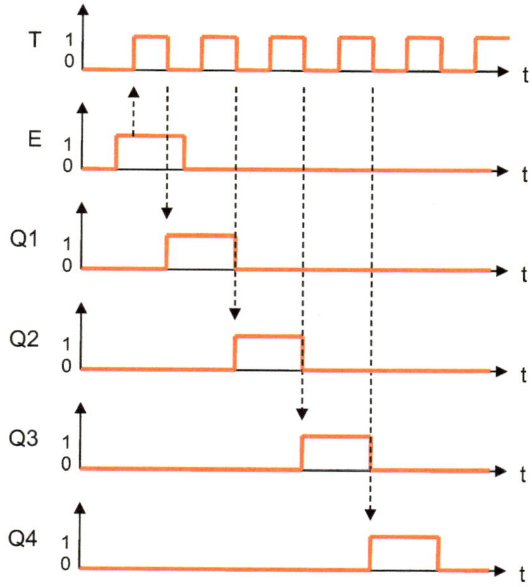

Abb. 8.1.2.1.2: Impulsdiagramm – Schieberegister aus 4 D-MS-FF

Wurde der eingespeiste Zustand durch alle anwesenden FFs getaktet ist das Schieberegister leer und muss mit neuen Informationen gefüllt werden. Dies geschieht dann wiederum über den seriellen Eingang des ersten FFs.

8.1.2.2 Ringregister mit serieller Eingabe

Durch Rückführung des letzten FF-Ausgangs auf den Eingang des ersten FFs kann ein Ringregister erzeugt werden in dem die eingestellten Zustände geschoben werden. Der Zustand des letzten FFs würde dann das erste FF erneut setzen. Das Ringregister könnte also nicht „leer laufen"

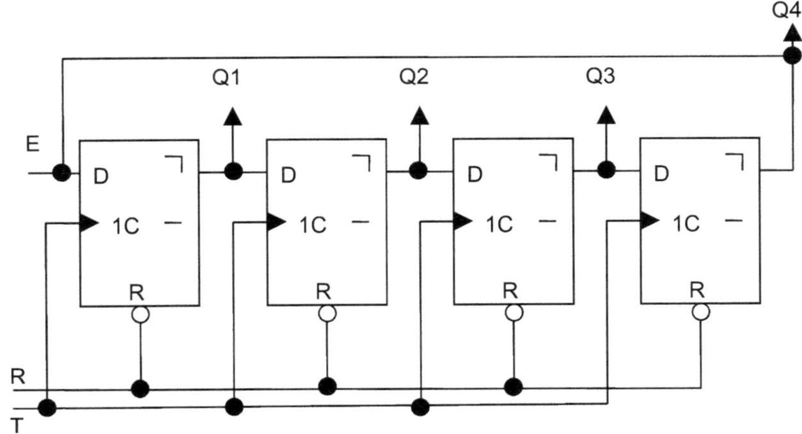

Abb. 8.1.2.2.1: Ringregister mit 4 D-MS-FFs

Ein entscheidender Nachteil des hier vorgestellten Schieberegisters ist die serielle Eingabe. Sehr oft stehen Informationen auch parallel an die dann in einem Schieberegister verarbeitet werden sollen. Die parallele Eingabe von Informationen geschieht mit dem gleichen Grundaufbau des Registers, jedoch müssen Bausteine verwendet werden, die über zusätzliche Setz- und Rücksetzeingänge verfügen. Im folgenden Abschnitt werden diese Bausteine näher erläutert.

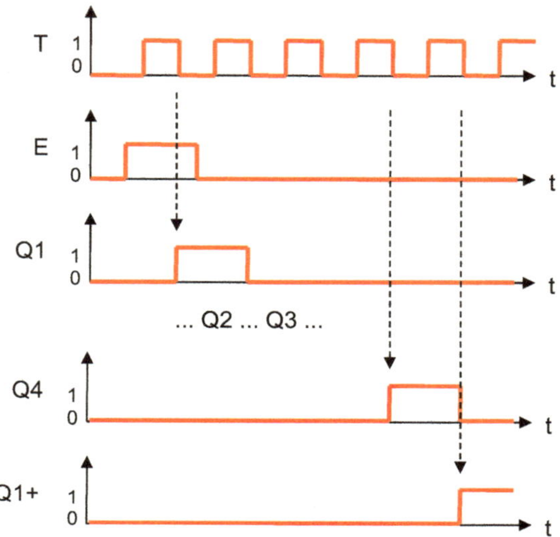

Abb. 8.1.2.2.2: Impulsdiagramm – Ringregister mit 4 D-MS-FFs

8.1.2.3 Schieberegister mit paralleler Eingabe

Die bereits angesprochene Notwendigkeit eine Information auch parallel in ein Schieberegister einlesen zu können (Alle Teilnehmer im Schiebregister werden einzeln angesprochen und mit einem Takt zum gleichen Zeitpunkt auf den Bestimmungswert gesetzt), kann dadurch realisiert werden, dass Bausteine verwendet werden die über einen zusätzlich Setz- bzw. Rücksetzeingang verfügen. Lösungen ohne diese zusätzlichen Eingänge sind ebenfalls denkbar aber weniger verbreitet. Durch das Rücksetzen eines Schieberegisters kann immer sicher gegangen werden, dass keine „Überreste" vom vorherigen Wort im Register zurück bleiben. Nach einem Reset wird das neue Datenwort über die Setzeingänge im Register eingestellt. Es folgt wiederum das Takten um die Inhalte des Registers zu verschieben. Während des Rücksetz- und Setz- Vorgangs sollte der globale Takt vom Register getrennt werden, um etwaige Probleme beim Einstellen des Wortes zu vermeiden.

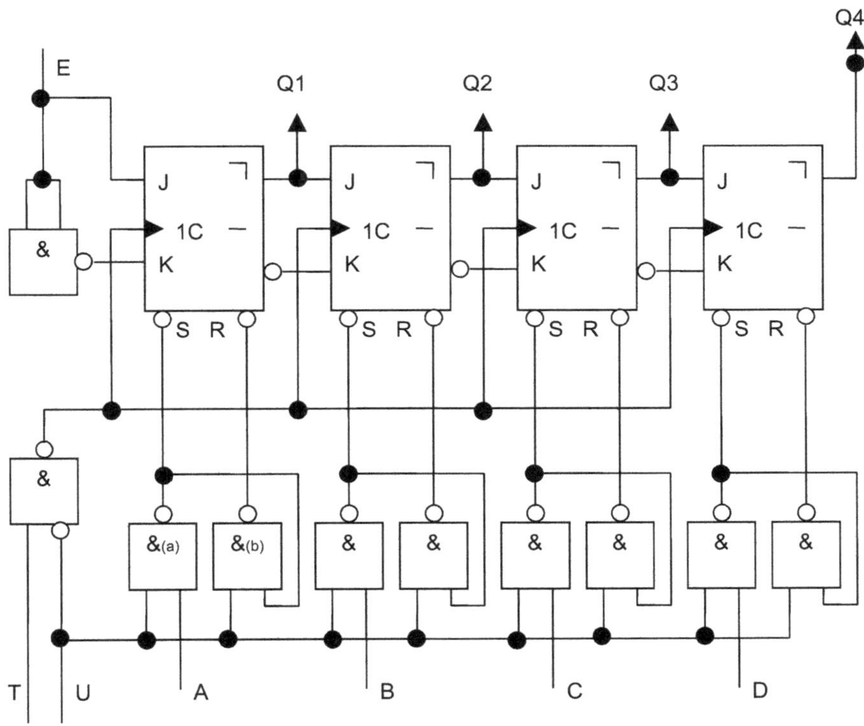

Abb. 8.1.2.3.1: Schieberegister mit paralleler Takteingabe

Bei oben dargestelltem Schieberegister wird das Datenwort parallel über die Eingänge A, B, C, D eingegeben. Bei U = 1 wird der Takt gesperrt und das Wort (A, B, C, D) an die Setzeingänge des FFs übergeben. Typischerweise sind die Setz- und Rücksetzeingänge von FFs invertiert. Daher muss in diesem Fall das zu setzende Signal ebenfalls invertiert angelegt werden.

Setzvorgang A = 1: Soll am ersten FF der Zustand A=1 gesetzt werden muss zunächst U=1 sein. A=1 wird über „&(a)" invertiert $\left(\overline{A \wedge U}\right)$. Das Resultat liegt am Setz-Eingang des FF an. Soll der Zustand A=1 übernommen werden, darf das FF nicht zum gleichen Zeitpunkt zurückgesetzt werden. Daher wird das Resultat von „&(a)" an das zum Reset-Eingang vorgeschaltete NAND-Gatter „&(b)" durch geschliffen. Dadurch wird ein paralleles Rücksetzen vermieden und das FF mit A=1 gesetzt.

Setzvorgang A = 0: Im Gegensatz zum Setzvorgang für A=1 wird nunmehr der Rücksetzeingang die aktive Aufgabe übernehmen das FF zurück zu setzen. Mit A=0 wird „&(b)" den invertierten Rücksetzeingang mit dem Zustand „0" belegen, wodurch das FF resetet und sich der Zustand A=0 einstellt.

8.2 Zählerschaltungen

Schaltungen lassen sich besonders gut mit Zustandsgraphen beschreiben, denn der jeweilige Zählerstand eignet sich bestens als Zustandsnummer. Abb. 8.2.1 zeigt den Zustandsgraphen eines Modulo-Zehn-Zähler (abgekürzt: mod-10-Zähler oder BCD-Zähler). Die Knoten enthalten die Zählerzustände, und die Kanten geben die möglichen Zustands-übergänge an.

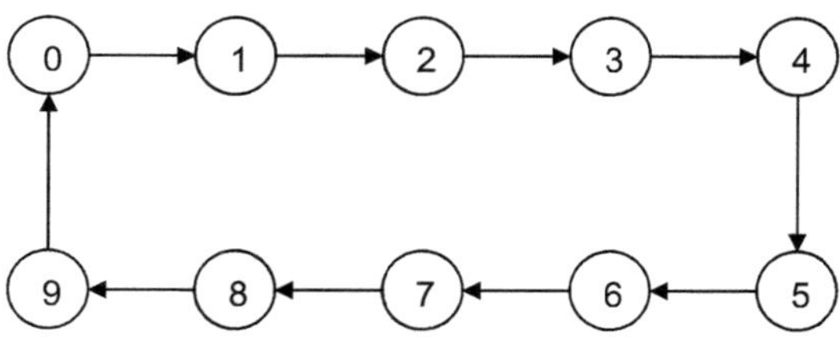

Abb. 8.2.1: Zustandsgraph eines mod-10-Zählers

Um Zählerschaltungen zu realisieren werden oftmals JK-Flip-Flops eingesetzt, da diese durch die besondere Beschaltung der Eingänge (J = K = „1") und vorge-gebenem Takt beginnen zu toggeln. Folgende Abbildung zeigt den Aufbau eines asynchronen 3 Bit-Zählers. Asynchrone und synchrone Zähler werden an der Art der Taktung unterschieden: Asynchrone Zähler reichen den Takt von Flip-Flop zu Flip-Flop weiter, bei synchronen Zählern hingegen liegt der globale Takt parallel an allen Flip-Flops gleichzeitig an:

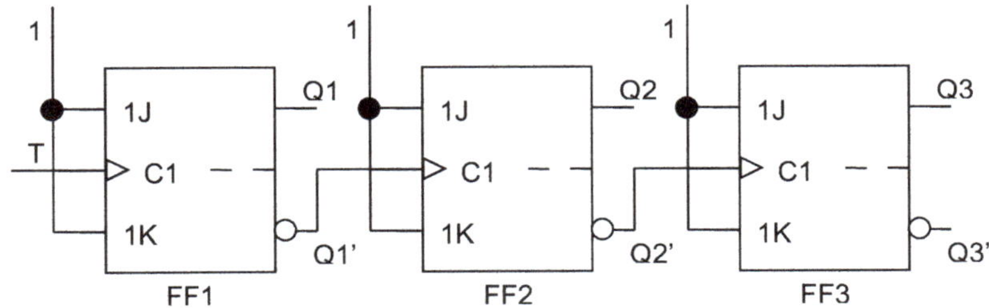

Abb. 8.2.2: Asynchrone Zählerkette aus JK(T)-Flip-Flops

In folgender Abbildung ist das zum asynchronen 3bit-Zähler zugehörige Impuls-diagramm dargestellt.

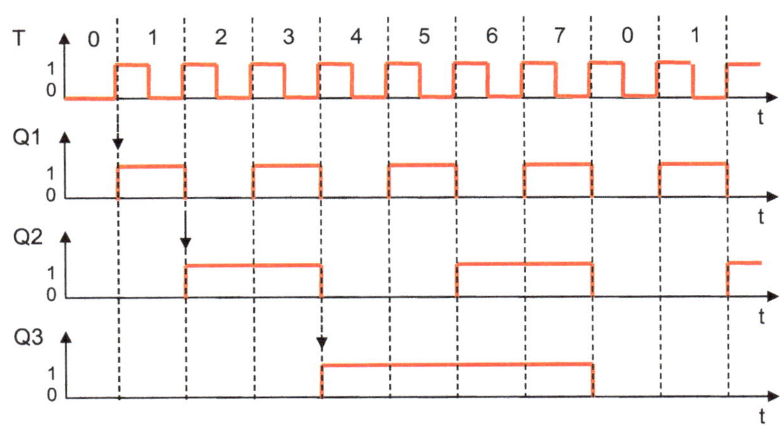

Abb. 8.2.3: Impulsdiagramm eines asynchronen 3bit-Zählers

Es ist deutlich zu erkennen, dass das jeweilige Folge-FlipFlop erst gesetzt wird, sobald der vorhergehende FF zurückgesetzt ist. Zur vereinfachten Darstellung wird für den Takt von einem periodischen Rechtecksignal ausgegangen. Letztlich kann der Takt aber auch nicht periodisch sein.

Es handelt sich bei der Darstellung in Abb. 8.2.2 also um einen asynchronen 3bit Vorwärtszähler. Bei der Ausführung der Schaltung ist jeweils darauf zu achten, ob der Takteingang des Folge-Flip-Flops negiert ist, und dementsprechend an einen der Ausgänge des vorstehenden Flip-Flops anzuschließen.

Als weiterführende Schaltungsentwicklung ist es nun wichtig Zählnetzwerk aufzubauen die bis zu einem beliebigen Wert inkrementieren bevor sie zurücksetzen bzw. zurückgesetzt werden. Bislang können Zähler mit x-hintereinander geschalteten Flip-Flops bis 2^x zählen. Folgende Überlegungen sollen zeigen wie beispielsweise ein mod-10-Zähler konstruiert wird (2^4-6). Um diese Aufgabenstellung lösen zu können, muss zunächst verinnerlicht werden was ein Mod-10-Zähler ist. Dazu kann Abb. 8.2.1 herangezogen werden. Die Zahlen werden also inkrementiert bis 9 und anstelle der 10ten Stelle auf 0 zurückgesetzt. Somit ergeben sich 10 Wertigkeiten, die als Ausgangszustände am Zähler entstehen können. Die minimal benötigte Anzahl an Flip-Flops die benötigt wird beträgt 4 (2^3= 8 → 8 < 10, 2^4= 16 → 16 > 10).

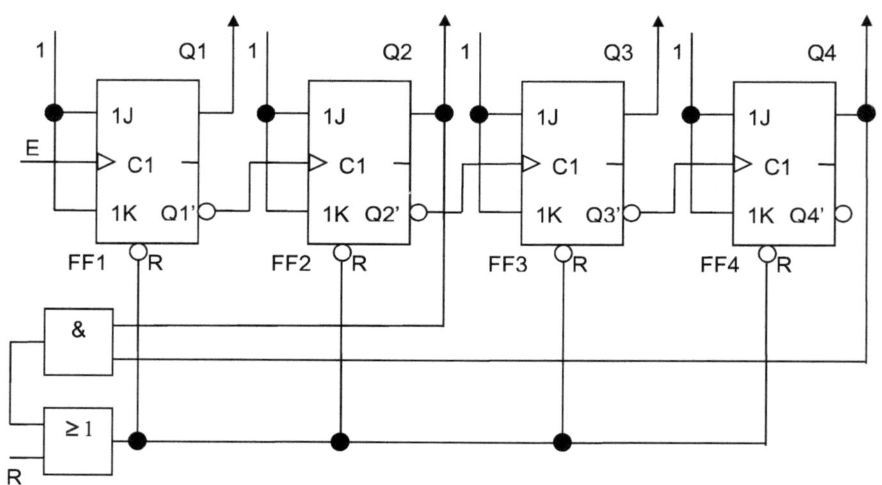

Abb. 8.2.4: Mod-10-Zähler (E ist die Impulsfolge deren Impulse zu zählen sind)

Wenn bei den geschilderten und ähnlichen Zählschaltungen die Umpulsfolge regelmäßig (periodisch) ist, so wirkt eine Zählschaltung als Frequenzteiler: Pro Flip-Flop um den Faktor 2 (s. Abb. 8.2.3).

Beim synchronen Dualzähler wird wie bereits erwähnt der Takt parallel an alle beteiligten Flip-Flops angelegt. Die Eingänge der Flip-Flops (J; K) werden jeweils an den Ausgang des vorhergehenden Flip-Flops angelegt. Lediglich der erste Flip-Flop in der Zählkette wird dauerhaft auf „1" an den JK-Eingängen gesetzt. Der Toggle-

Modus der Folge-Flip-Flops wird also durch den Zustand des vorhergehenden Flip-Flops gesetzt. Folgende Abb. 8.2.5 zeigt einen synchronen 3bit Vorwärtszähler:

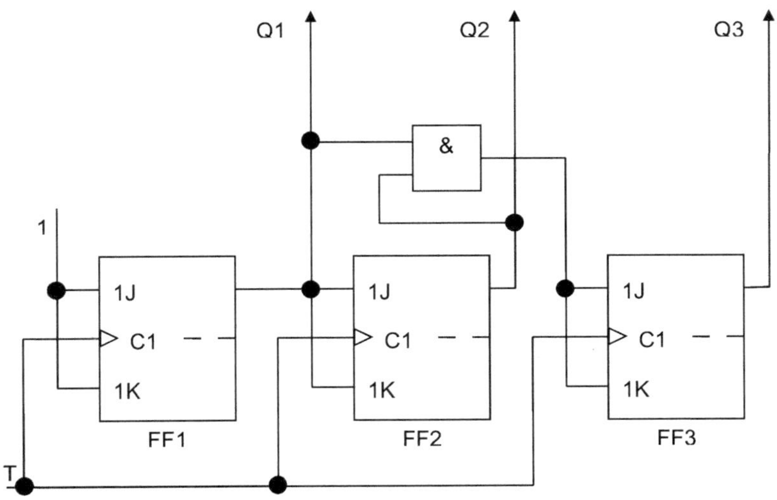

Abb. 8.2.5: Synchroner 3bit Vorwärtszähler

8.3 Entwurf von Zählschaltungen

Bei der Entwicklung einer Zählschaltung kommt es in einem ersten Schritt darauf an zu wissen in welchem Code, in welcher Richtung (inkrementieren oder dekrementieren) und bis zu welcher Stelle gezählt werden soll. Weiterhin sind Informationen über die verwendeten Bausteine wichtig (JK-FF; JK-MS-FF; positive oder negative Flankentriggerung, ...)

Eine besonders gut geeignete Variante der Entwicklung eines Zählers ist mit einer Schaltfolgetabelle gegeben. In dieser werden die Zustände an den Ausgängen des Zählers zum Zeitpunkt t und der Folgezustand zu Zeitpunkt t+1 angegeben. Über die Charakteristik des verwendeten Zählbausteins kann für jeden Zählpunkt ermittelt werden, welche Beschaltung notwendig ist, um das geforderte Zählwerk zu realisieren. Zunächst seien hier die charakteristischen Gleichungen und die Ansteuerfunktionen der einzelnen FlipFlop Arten dargestellt:

| Symbol | Charak. Gleichung | Ansteuerfunktion | | | |

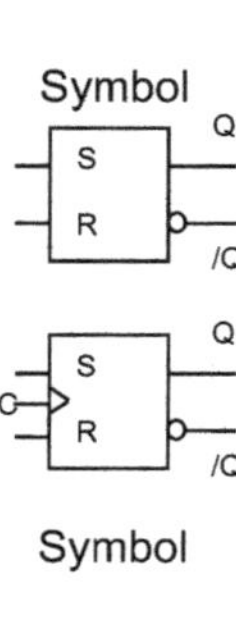

$$Q^{n+1} = S \vee \left(Q^n \wedge \overline{R}\right)$$

Q^n	Q^{n+1}	R	S
0	0	X	0
0	1	0	1
1	0	1	0
1	1	0	X

| Symbol | Charak. Gleichung | Ansteuerfunktion |

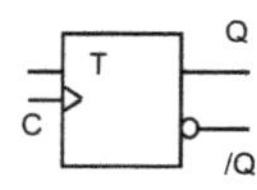

$$Q^{n+1} = D$$

Q^n	Q^{n+1}	D
0	0	0
0	1	1
1	0	0
1	1	1

| Symbol | Charak. Gleichung | Ansteuerfunktion |

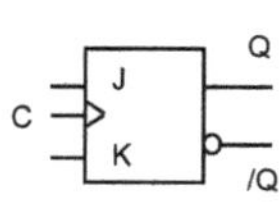

$$Q^{n+1} = \left(T \wedge \overline{Q^n}\right) \vee \left(\overline{T} \wedge Q^n\right)$$

Q^n	Q^{n+1}	T
0	0	0
0	1	1
1	0	1
1	1	0

| Symbol | Charak. Gleichung | Ansteuerfunktion | | |

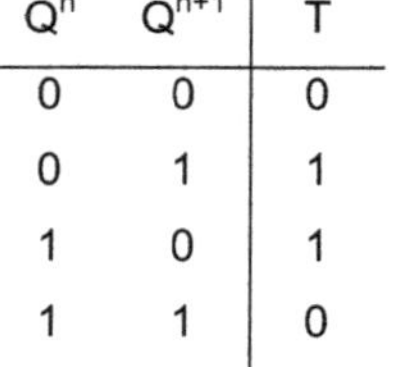

$$Q^{n+1} = \left(\overline{K} \wedge Q^n\right) \vee \left(J \wedge \overline{Q^n}\right)$$

Q^n	Q^{n+1}	K	J
0	0	X	0
0	1	X	1
1	0	1	X
1	1	0	X

8.3.1 Entwurf eines synchronen 8-4-2-1-BCD-Zählers

Bei einem 8-4-2-1-BCD-Zähler handelt es sich um einen 4bit Zähler der von 0_{10} bis 9_{10} oder 0000_2 bis 1001_2 zählt. Verwendet werden standardmäßig negativ flankengesteuerte JK-Flip-Flops. Aus diesen Gegebenheiten soll zunächst die Schaltfolgetabelle entwickelt werden. Dazu werden die einzeln durchlaufenen Werte und der jeweilige Folgewert in einer Tabelle angegeben („Q" stellt dabei die jeweiligen Ausgänge eines Flip-Flops dar):

Q^n				Q^{n+1}											
Q_3	Q_2	Q_1	Q_0	Q_3	Q_2	Q_1	Q_0	J_3	K_3	J_2	K_2	J_1	K_1	J_0	K_0
0	0	0	0	0	0	0	1	0	X	0	X	0	X	1	X
0	0	0	1	0	0	1	0	0	X	0	X	1	X	X	1
0	0	1	0	0	0	1	1	0	X	0	X	X	0	1	X
0	0	1	1	0	1	0	0	0	X	1	X	X	1	X	1
0	1	0	0	0	1	0	1	0	X	X	0	0	X	1	X
0	1	0	1	0	1	1	0	0	X	X	0	1	X	X	1
0	1	1	0	0	1	1	1	0	X	X	0	X	0	1	X
0	1	1	1	1	0	0	0	1	X	X	1	X	1	X	1
1	0	0	0	1	0	0	1	X	0	0	X	0	X	1	X
1	0	0	1	0	0	0	0	X	1	0	X	0	X	X	1

Tab. 8.3.1.1: Ergänzte Schaltwerkstabelle (Zustandsübergangstabelle)
des 4bit BCD-Zählers

Ermittlung der Funktion für FF$_0$:

Aus Tab. 8.3.1 geht folgende Funktion für Q_0^{n+1} hervor:

J_0:

$$\left(\overline{Q_3} \wedge \overline{Q_2} \wedge \overline{Q_1} \wedge \overline{Q_0}\right) = 1 \qquad \left(\overline{Q_3} \wedge Q_2 \wedge \overline{Q_1} \wedge Q_0\right) = X$$

$$\left(\overline{Q_3} \wedge \overline{Q_2} \wedge \overline{Q_1} \wedge Q_0\right) = X \qquad \left(\overline{Q_3} \wedge Q_2 \wedge Q_1 \wedge \overline{Q_0}\right) = 1$$

$$\left(\overline{Q_3} \wedge \overline{Q_2} \wedge Q_1 \wedge \overline{Q_0}\right) = 1 \qquad \left(\overline{Q_3} \wedge Q_2 \wedge Q_1 \wedge Q_0\right) = X$$

$$\left(\overline{Q_3} \wedge \overline{Q_2} \wedge Q_1 \wedge Q_0\right) = X \qquad \left(Q_3 \wedge \overline{Q_2} \wedge \overline{Q_1} \wedge \overline{Q_0}\right) = 1$$

$$\left(\overline{Q_3} \wedge Q_2 \wedge \overline{Q_1} \wedge \overline{Q_0}\right) = 1 \qquad \left(Q_3 \wedge \overline{Q_2} \wedge \overline{Q_1} \wedge Q_0\right) = X$$

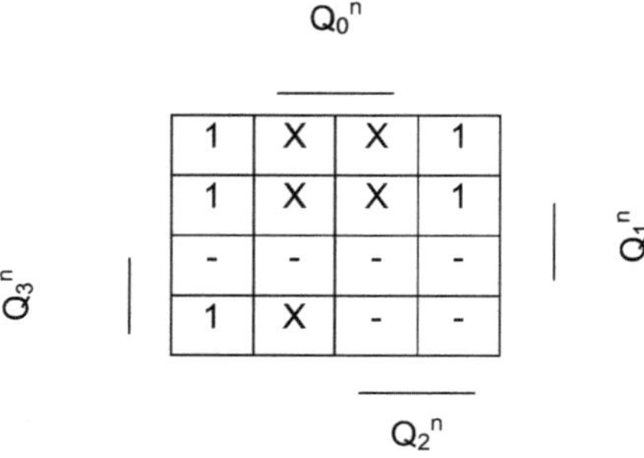

Q_0^n

1	X	X	1
1	X	X	1
-	-	-	-
1	X	-	-

Q_3^n Q_1^n

Q_2^n

Abb. 8.3.1.1: KV-Diagramm für J_0

Aus Abb. 8.3.1.1 ergibt sich für $J_0 = 1$. nach dem gleichen Verfahren werden nunmehr die Werte für K_0 ermittelt:

K_0:

$$\left(\overline{Q_3} \wedge \overline{Q_2} \wedge \overline{Q_1} \wedge \overline{Q_0}\right) = X$$
$$\left(\overline{Q_3} \wedge \overline{Q_2} \wedge \overline{Q_1} \wedge Q_0\right) = 1$$
$$\left(\overline{Q_3} \wedge \overline{Q_2} \wedge Q_1 \wedge \overline{Q_0}\right) = X$$
$$\left(\overline{Q_3} \wedge \overline{Q_2} \wedge Q_1 \wedge Q_0\right) = 1$$
$$\left(\overline{Q_3} \wedge Q_2 \wedge \overline{Q_1} \wedge \overline{Q_0}\right) = X$$
$$\left(\overline{Q_3} \wedge Q_2 \wedge \overline{Q_1} \wedge Q_0\right) = 1$$
$$\left(\overline{Q_3} \wedge Q_2 \wedge Q_1 \wedge \overline{Q_0}\right) = X$$
$$\left(\overline{Q_3} \wedge Q_2 \wedge Q_1 \wedge Q_0\right) = 1$$
$$\left(Q_3 \wedge \overline{Q_2} \wedge \overline{Q_1} \wedge \overline{Q_0}\right) = X$$
$$\left(Q_3 \wedge \overline{Q_2} \wedge \overline{Q_1} \wedge Q_0\right) = 1$$

Q_0^n

X	1	1	X
X	1	1	X
-	-	-	-
X	1	-	-

Q_3^n Q_1^n

Q_2^n

Abb. 8.3.1.2: KV-Diagramm für Schaltvariable K_0

Aus Abb. 8.3.1.2 ergibt sich für die $K_0 = 1$. Das erste FlipFlop FF0 muss also wie folgt beschaltet werden:

$J_0 = 1$ $K_0 = 1$

Ermittlung der Funktion für FF$_1$:

Zur Bestimmung der Eingangssignale des nächsten FF$_1$ werden wiederum die Werte

aus der Schaltfolgetabelle in ein KV-Diagramm übernommen und vereinfacht:

J$_1$:

$$\left(\overline{Q_3} \wedge \overline{Q_2} \wedge \overline{Q_1} \wedge \overline{Q_0}\right)=0 \qquad\qquad \left(\overline{Q_3} \wedge Q_2 \wedge \overline{Q_1} \wedge Q_0\right)=1$$

$$\left(\overline{Q_3} \wedge \overline{Q_2} \wedge \overline{Q_1} \wedge Q_0\right)=1 \qquad\qquad \left(\overline{Q_3} \wedge Q_2 \wedge Q_1 \wedge \overline{Q_0}\right)=X$$

$$\left(\overline{Q_3} \wedge \overline{Q_2} \wedge Q_1 \wedge \overline{Q_0}\right)=X \qquad\qquad \left(\overline{Q_3} \wedge Q_2 \wedge Q_1 \wedge Q_0\right)=X$$

$$\left(\overline{Q_3} \wedge \overline{Q_2} \wedge Q_1 \wedge Q_0\right)=X \qquad\qquad \left(Q_3 \wedge \overline{Q_2} \wedge \overline{Q_1} \wedge \overline{Q_0}\right)=0$$

$$\left(\overline{Q_3} \wedge Q_2 \wedge \overline{Q_1} \wedge \overline{Q_0}\right)=0 \qquad\qquad \left(Q_3 \wedge \overline{Q_2} \wedge \overline{Q_1} \wedge Q_0\right)=0$$

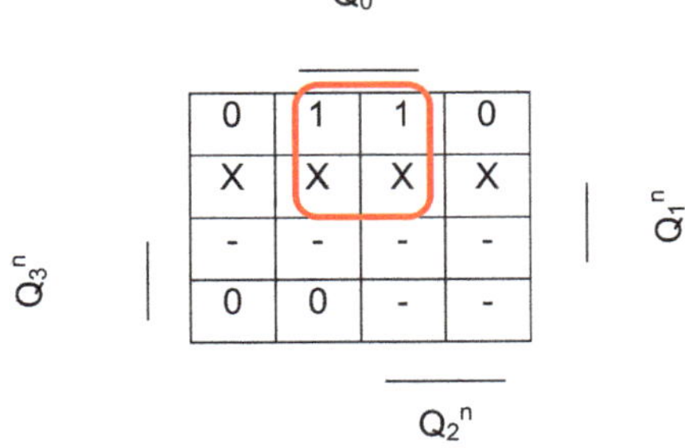

Abb. 8.3.1.3: KV-Diagramm für Schaltvariable J$_1$

Aus Abb. 8.3.1.3 ergibt sich für $J_1 = Q_0{}^n \wedge \overline{Q_3{}^n}$. Nach dem gleichen Verfahren werden

nunmehr die Werte für K$_1$ ermittelt:

K$_1$:

$$\left(\overline{Q_3} \wedge \overline{Q_2} \wedge \overline{Q_1} \wedge \overline{Q_0}\right)=X \qquad\qquad \left(\overline{Q_3} \wedge Q_2 \wedge \overline{Q_1} \wedge Q_0\right)=X$$

$$\left(\overline{Q_3} \wedge \overline{Q_2} \wedge \overline{Q_1} \wedge Q_0\right)=X \qquad\qquad \left(\overline{Q_3} \wedge Q_2 \wedge Q_1 \wedge \overline{Q_0}\right)=0$$

$$\left(\overline{Q_3} \wedge \overline{Q_2} \wedge Q_1 \wedge \overline{Q_0}\right)=0 \qquad\qquad \left(\overline{Q_3} \wedge Q_2 \wedge Q_1 \wedge Q_0\right)=1$$

$$\left(\overline{Q_3} \wedge \overline{Q_2} \wedge Q_1 \wedge Q_0\right)=1 \qquad\qquad \left(Q_3 \wedge \overline{Q_2} \wedge \overline{Q_1} \wedge \overline{Q_0}\right)=X$$

$$\left(\overline{Q_3} \wedge Q_2 \wedge \overline{Q_1} \wedge \overline{Q_0}\right)=X \qquad\qquad \left(Q_3 \wedge \overline{Q_2} \wedge \overline{Q_1} \wedge Q_0\right)=X$$

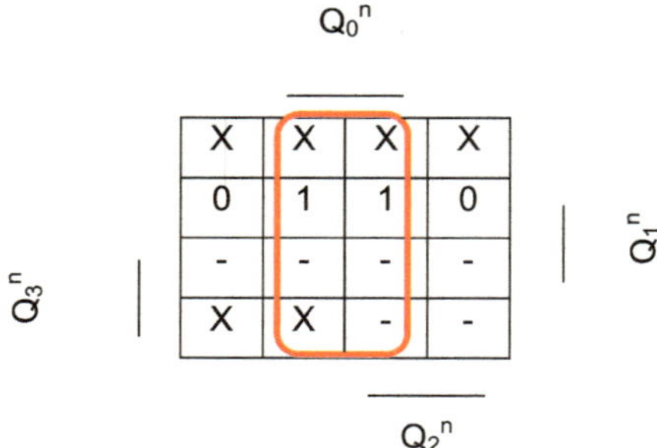

Abb. 8.3.1.4: KV-Diagramm für Schaltvariable K_1

Aus Abb. 8.3.1.4 ergibt sich für $K_1 = Q_0{}^n$. Das zweite FlipFlop FF1 muss also wie folgt beschaltet werden:

$$J_1 = Q_0{}^n \wedge \overline{Q_3{}^n} \qquad\qquad K_1 = Q_0{}^n$$

Ermittlung der Funktion für FF$_2$:

Zur Bestimmung der Eingangssignale des nächsten FF$_2$ werden wiederum die Werte aus der Schaltfolgetabelle in ein KV-Diagramm übernommen und vereinfacht:

J$_2$:

$$\left(\overline{Q_3} \wedge \overline{Q_2} \wedge \overline{Q_1} \wedge \overline{Q_0}\right) = 0 \qquad\qquad \left(\overline{Q_3} \wedge Q_2 \wedge \overline{Q_1} \wedge Q_0\right) = X$$

$$\left(\overline{Q_3} \wedge \overline{Q_2} \wedge \overline{Q_1} \wedge Q_0\right) = 0 \qquad\qquad \left(\overline{Q_3} \wedge Q_2 \wedge Q_1 \wedge \overline{Q_0}\right) = X$$

$$\left(\overline{Q_3} \wedge \overline{Q_2} \wedge Q_1 \wedge \overline{Q_0}\right) = 0 \qquad\qquad \left(\overline{Q_3} \wedge Q_2 \wedge Q_1 \wedge Q_0\right) = X$$

$$\left(\overline{Q_3} \wedge \overline{Q_2} \wedge Q_1 \wedge Q_0\right) = 1 \qquad\qquad \left(Q_3 \wedge \overline{Q_2} \wedge \overline{Q_1} \wedge \overline{Q_0}\right) = 0$$

$$\left(\overline{Q_3} \wedge Q_2 \wedge \overline{Q_1} \wedge \overline{Q_0}\right) = X \qquad\qquad \left(Q_3 \wedge \overline{Q_2} \wedge \overline{Q_1} \wedge Q_0\right) = 0$$

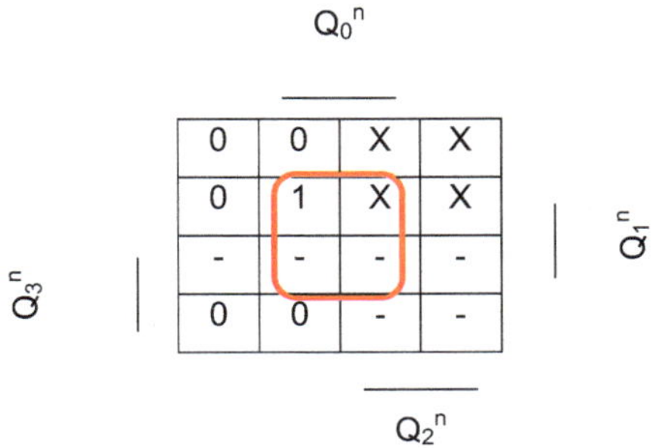

Abb. 8.3.1.5: KV-Diagramm für Schaltvariable J_2

Aus Abb. 8.3.1.5 ergibt sich für $J_2 = Q_0{}^n \wedge Q_1{}^n$. Nach dem gleichen Verfahren werden nunmehr die Werte für K_2 ermittelt:

K_2:

$$\left(\overline{Q_3} \wedge \overline{Q_2} \wedge \overline{Q_1} \wedge \overline{Q_0}\right) = X \qquad \left(\overline{Q_3} \wedge Q_2 \wedge \overline{Q_1} \wedge Q_0\right) = 0$$

$$\left(\overline{Q_3} \wedge \overline{Q_2} \wedge \overline{Q_1} \wedge Q_0\right) = X \qquad \left(\overline{Q_3} \wedge Q_2 \wedge Q_1 \wedge \overline{Q_0}\right) = 0$$

$$\left(\overline{Q_3} \wedge \overline{Q_2} \wedge Q_1 \wedge \overline{Q_0}\right) = X \qquad \left(\overline{Q_3} \wedge Q_2 \wedge Q_1 \wedge Q_0\right) = 1$$

$$\left(\overline{Q_3} \wedge \overline{Q_2} \wedge Q_1 \wedge Q_0\right) = X \qquad \left(Q_3 \wedge \overline{Q_2} \wedge \overline{Q_1} \wedge \overline{Q_0}\right) = X$$

$$\left(\overline{Q_3} \wedge Q_2 \wedge \overline{Q_1} \wedge \overline{Q_0}\right) = 0 \qquad \left(Q_3 \wedge \overline{Q_2} \wedge \overline{Q_1} \wedge Q_0\right) = X$$

Abb. 8.3.1.6: KV-Diagramm für Schaltvariable K_2

Aus Abb. 8.3.1.6 ergibt sich für $K_2 = Q_0{}^n \wedge Q_1{}^n$. Das dritte FlipFlop FF2 muss also wie folgt beschaltet werden:

$$\underline{\underline{J_2 = Q_0{}^n \wedge Q_1{}^n}} \qquad\qquad \underline{\underline{K_2 = Q_0{}^n \wedge Q_1{}^n}}$$

Ermittlung der Funktion für FF$_3$:

Zur Bestimmung der Eingangssignale des nächsten FF$_3$ werden wiederum die Werte aus der Schaltfolgetabelle in ein KV-Diagramm übernommen und vereinfacht:

J$_3$:

$$\left(\overline{Q_3} \wedge \overline{Q_2} \wedge \overline{Q_1} \wedge \overline{Q_0}\right) = 0 \qquad\qquad \left(\overline{Q_3} \wedge Q_2 \wedge \overline{Q_1} \wedge Q_0\right) = 0$$

$$\left(\overline{Q_3} \wedge \overline{Q_2} \wedge \overline{Q_1} \wedge Q_0\right) = 0 \qquad\qquad \left(\overline{Q_3} \wedge Q_2 \wedge Q_1 \wedge \overline{Q_0}\right) = 0$$

$$\left(\overline{Q_3} \wedge \overline{Q_2} \wedge Q_1 \wedge \overline{Q_0}\right) = 0 \qquad\qquad \left(\overline{Q_3} \wedge Q_2 \wedge Q_1 \wedge Q_0\right) = 1$$

$$\left(\overline{Q_3} \wedge \overline{Q_2} \wedge Q_1 \wedge Q_0\right) = 0 \qquad\qquad \left(Q_3 \wedge \overline{Q_2} \wedge \overline{Q_1} \wedge \overline{Q_0}\right) = X$$

$$\left(\overline{Q_3} \wedge Q_2 \wedge \overline{Q_1} \wedge \overline{Q_0}\right) = 0 \qquad\qquad \left(Q_3 \wedge \overline{Q_2} \wedge \overline{Q_1} \wedge Q_0\right) = X$$

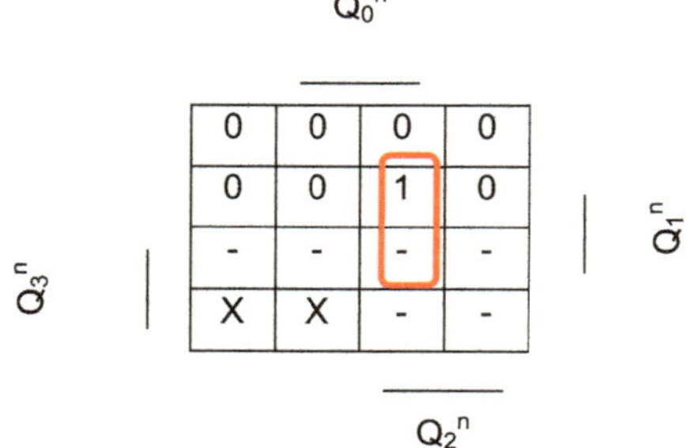

Abb. 8.3.1.7: KV-Diagramm für Schaltvariable J$_3$

Aus Abb. 8.3.1.7 ergibt sich für $J_3 = Q_0{}^n \wedge Q_1{}^n \wedge Q_2{}^n$. Nach dem gleichen Verfahren werden nunmehr die Werte für K$_3$ ermittelt:

K_3:

$$\left(\overline{Q_3} \wedge \overline{Q_2} \wedge \overline{Q_1} \wedge \overline{Q_0}\right) = X \qquad \left(\overline{Q_3} \wedge Q_2 \wedge \overline{Q_1} \wedge Q_0\right) = X$$

$$\left(\overline{Q_3} \wedge \overline{Q_2} \wedge \overline{Q_1} \wedge Q_0\right) = X \qquad \left(\overline{Q_3} \wedge Q_2 \wedge Q_1 \wedge \overline{Q_0}\right) = X$$

$$\left(\overline{Q_3} \wedge \overline{Q_2} \wedge Q_1 \wedge \overline{Q_0}\right) = X \qquad \left(\overline{Q_3} \wedge Q_2 \wedge Q_1 \wedge Q_0\right) = X$$

$$\left(\overline{Q_3} \wedge \overline{Q_2} \wedge Q_1 \wedge Q_0\right) = X \qquad \left(Q_3 \wedge \overline{Q_2} \wedge \overline{Q_1} \wedge \overline{Q_0}\right) = 0$$

$$\left(\overline{Q_3} \wedge Q_2 \wedge \overline{Q_1} \wedge \overline{Q_0}\right) = X \qquad \left(Q_3 \wedge \overline{Q_2} \wedge \overline{Q_1} \wedge Q_0\right) = 1$$

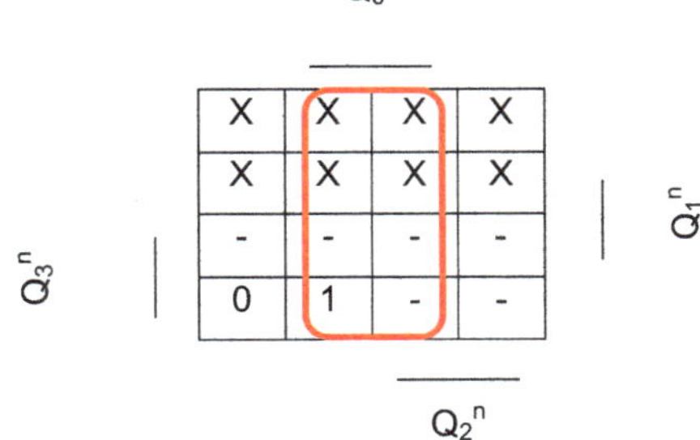

Abb. 8.3.1.8: KV-Diagramm für Schaltvariable K_3

Aus Abb. 8.3.1.8 ergibt sich für $K_3 = Q_0^n$. Das vierte FlipFlop FF3 muss also wie folgt beschaltet werden:

$$J_3 = Q_0^n \wedge Q_1^n \wedge Q_2^n \qquad K_3 = Q_0^n$$

Anhand der ermittelten Ansteuergleichungen für die JK-FFs kann nunmehr die Schaltung aufgebaut werden:

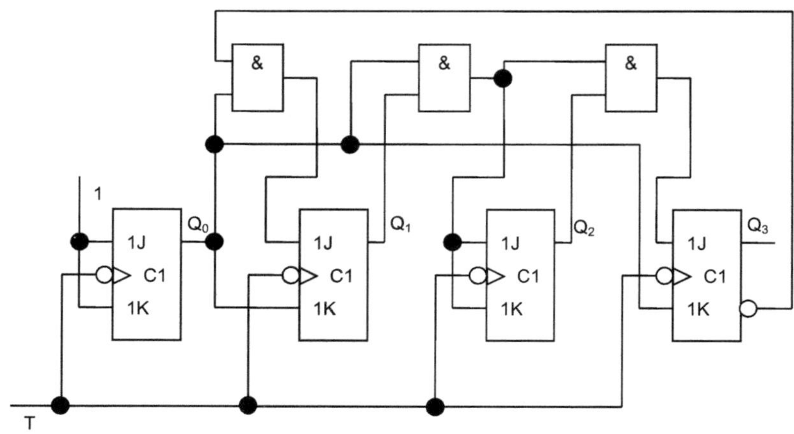

Abb. 8.3.1.9: Schaltung des 8-4-2-1-BCD-Zählers

8.3.2 Entwurf eines synchronen 3bit-Zählers

In diesem ersten Beispiel soll nun die Vorgehensweise zur Dimensionierung eines Zählwerks erläutert werden.

Aufgabenstellung:

Es sei ein Zähler als Schaltwerk zu entwerfen, der im Dualzahlencode zyklisch von 0 bis 7 zählen kann, eine Rücksetzmöglichkeit (Eingangsvariable N) auf 0 besitzt, und beim Wert 7 ein Signal (Überlauf Ü) zu Eins setzt. Das Zählereignis sei der Wechsel eine Zählvariablen Z von 0 nach 1. Es sollen JK-FF mit positiver Flankensteuerung ohne zusätzlichen R/S-Eingang verwendet werden. Die Anordnung sei synchron betrieben.

Der Entwurf der Schaltung beginnt wie gewohnt mit der Auflistung der gegebenen Variablen:

Eingangsvariable:

      Rückstellen auf 0: $N = 1$

      Sonst: $N = 0$

Ausgangsvariable:

      Zählerstand = 7: $Ü = 1$

      Sonst: $Ü = 0$

Die vorliegende Codierung (Inkrementieren (Zählen von Dualzahlen) liegt bereits fest, sodass direkt eine Zustandsfolgetabelle (Schaltwerktabelle) erstellt werden kann: (Jeder Zählzustand taucht in der Tabelle 2mal auf, da die Rücksetzmöglichkeit N=1 oder N=0 bei jedem Zustand aktiv sein kann)

Q^n			X^n	Q^{n+1}			Y^n
Q_3	Q_2	Q_1	N	Q_3	Q_2	Q_1	Ü
0	0	0	0	0	0	1	0
0	0	0	1	0	0	0	0
0	0	1	0	0	1	0	0
0	0	1	1	0	0	0	0
0	1	0	0	0	1	1	0
0	1	0	1	0	0	0	0
0	1	1	0	1	0	0	0
0	1	1	1	0	0	0	0
1	0	0	0	1	0	1	0
1	0	0	1	0	0	0	0
1	0	1	0	1	1	0	0
1	0	1	1	0	0	0	0
1	1	0	0	1	1	1	0
1	1	0	1	0	0	0	0
1	1	1	0	0	0	0	1
1	1	1	1	0	0	0	1

Tab. 8.3.2.1: Kodierte Schaltwerkstabelle des Zählers

Die logische Gleichung für den Übertrag Ü kann direkt aus der Tabelle abgelesen werden:

$$\ddot{U} = Q_3^{\,n} \wedge Q_2^{\,n} \wedge Q_1^{\,n} \tag{8.3.2.1}$$

Um die Beschaltung der einzelnen JK-FFs bestimmen zu können, werden die einzelnen Ansteuerfunktionen zu Tab. 8.3.2.1 ergänzt. Nunmehr müssen zeilenweise die Zustände an den Eingängen der JK-FFs anhand der charakteristischen Gleichung bestimmt werden. Die Eingänge, bei denen der ansteuernde Zustand keine Rolle spielt, werden mit einem X versehen ($\rightarrow$don't care).

Q^n			X^n	Q^{n+1}			Y^n						
Q_3	Q_2	Q_1	N	Q_3	Q_2	Q_1	Ü	J_3	K_3	J_2	K_2	J_1	K_1
0	0	0	0	0	0	1	0	0	X	0	X	1	X
0	0	0	1	0	0	0	0	0	X	0	X	0	X
0	0	1	0	0	1	0	0	0	X	1	X	X	1
0	0	1	1	0	0	0	0	0	X	0	X	X	1
0	1	0	0	0	1	1	0	0	X	X	0	1	X
0	1	0	1	0	0	0	0	0	X	X	1	0	X
0	1	1	0	1	0	0	0	1	X	X	1	X	1
0	1	1	1	0	0	0	0	0	X	X	1	X	1
1	0	0	0	1	0	1	0	X	0	0	X	1	X
1	0	0	1	0	0	0	0	X	1	0	X	0	X
1	0	1	0	1	1	0	0	X	0	1	X	X	1
1	0	1	1	0	0	0	0	X	1	0	X	X	1
1	1	0	0	1	1	1	0	X	0	X	0	1	X
1	1	0	1	0	0	0	0	X	1	X	1	0	X
1	1	1	0	0	0	0	1	X	1	X	1	X	1
1	1	1	1	0	0	0	1	X	1	X	1	X	1

Tab. 8.3.2.2: Ergänzte Schaltwerkstabelle des 3bit Zählers

Durch Ablesen von der Tabelle oder unter Nutzung von KV-Diagrammen erhält man nunmehr die notwendigen Zustände für die Eingänge der einzelnen FlipFlops. Die notwendigen KV-Diagramme seien hier am Beispiel für J_2 und K_2 erläutert.

Um die KV-Tabelle für den FF-Eingang K_2 aufzustellen, müssen die Variablen des Zustands Q^n und X^n für J_2 aus der Tabelle entnommen werden. Die benannten

Variablen bilden den Folgezustand und sind somit Herleitung für die Beschaltung der FlipFlops.

Im einfachsten Fall werden die Zustände der Variablen nun in einer gesonderten Tabelle aufgelistet und die konjunktiven Normalformen gebildet:

Q^n			X^n		
Q_3	Q_2	Q_1	N	J_2	Konj. Normalform
0	0	0	0	0	$\left(\overline{Q_3} \wedge \overline{Q_2} \wedge \overline{Q_1} \wedge \overline{N}\right) = 0$
0	0	0	1	0	$\left(\overline{Q_3} \wedge \overline{Q_2} \wedge \overline{Q_1} \wedge N\right) = 0$
0	0	1	0	1	$\left(\overline{Q_3} \wedge \overline{Q_2} \wedge Q_1 \wedge \overline{N}\right) = 1$
0	0	1	1	0	$\left(\overline{Q_3} \wedge \overline{Q_2} \wedge Q_1 \wedge N\right) = 0$
0	1	0	0	X	$\left(\overline{Q_3} \wedge Q_2 \wedge \overline{Q_1} \wedge \overline{N}\right) = X$
0	1	0	1	X	$\left(\overline{Q_3} \wedge Q_2 \wedge \overline{Q_1} \wedge N\right) = X$
0	1	1	0	X	$\left(\overline{Q_3} \wedge Q_2 \wedge Q_1 \wedge \overline{N}\right) = X$
0	1	1	1	X	$\left(\overline{Q_3} \wedge Q_2 \wedge Q_1 \wedge N\right) = X$
1	0	0	0	0	$\left(Q_3 \wedge \overline{Q_2} \wedge \overline{Q_1} \wedge \overline{N}\right) = 0$
1	0	0	1	0	$\left(Q_3 \wedge \overline{Q_2} \wedge \overline{Q_1} \wedge N\right) = 0$
1	0	1	0	1	$\left(Q_3 \wedge \overline{Q_2} \wedge Q_1 \wedge \overline{N}\right) = 1$
1	0	1	1	0	$\left(Q_3 \wedge \overline{Q_2} \wedge Q_1 \wedge N\right) = 0$
1	1	0	0	X	$\left(Q_3 \wedge Q_2 \wedge \overline{Q_1} \wedge \overline{N}\right) = X$
1	1	0	1	X	$\left(Q_3 \wedge Q_2 \wedge \overline{Q_1} \wedge N\right) = X$
1	1	1	0	X	$\left(Q_3 \wedge Q_2 \wedge Q_1 \wedge \overline{N}\right) = X$
1	1	1	1	X	$\left(Q_3 \wedge Q_2 \wedge Q_1 \wedge N\right) = X$

Tab. 8.3.2.3: Normalformen für J_2

Die ermittelten Normalformen (Vollkonjunktionen) werden dann in eine KV-Tabelle eingetragen. Die X-Werte werden ebenfalls als don't care bits in die Tabelle mit eingetragen.

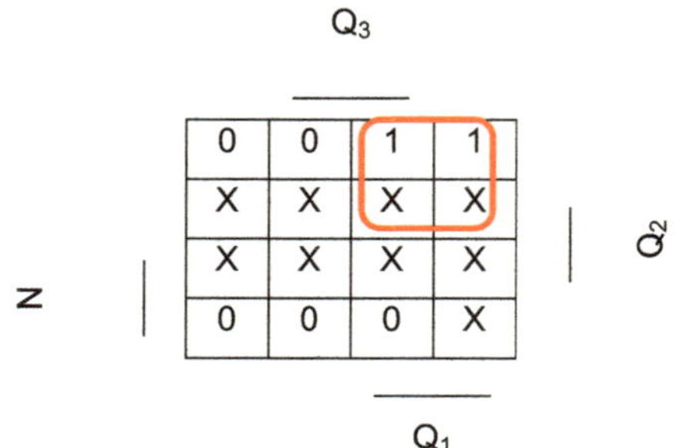

Abb. 8.3.2.1: KV-Diagramm für J_2-Vereinfachung

Die Vereinfachung aus dem KV-Diagram ergibt für J_2 also:

$$J_2 = \overline{N} \wedge Q_1^{\,t} \qquad\qquad (8.3.2.2)$$

Werden nach dem gleichen Schema alle Eingänge der verschiedenen FFs berechnet, ergeben sich folgende Zustände für die einzelnen Eingänge:

$$K_1 = 1 \qquad\qquad J_1 = \overline{N} \qquad\qquad (8.3.2.3)$$

$$K_2 = N \vee Q_1^{\,n} \qquad\qquad J_2 = \overline{N} \wedge Q_1^{\,n} \qquad\qquad (8.3.2.4)$$

$$K_3 = N \vee \overline{N} \wedge Q_2^{\,n} \wedge Q_1^{\,n} \left(= N \vee Q_2^{\,n} \wedge Q_1^{\,n}\right) \quad J_3 = \overline{N} \wedge Q_2^{\,n} \wedge Q_1^{\,n} \qquad (8.3.2.5)$$

Die Gleichungen werden nun in der Schaltung nach folgender Abbildung realisiert:

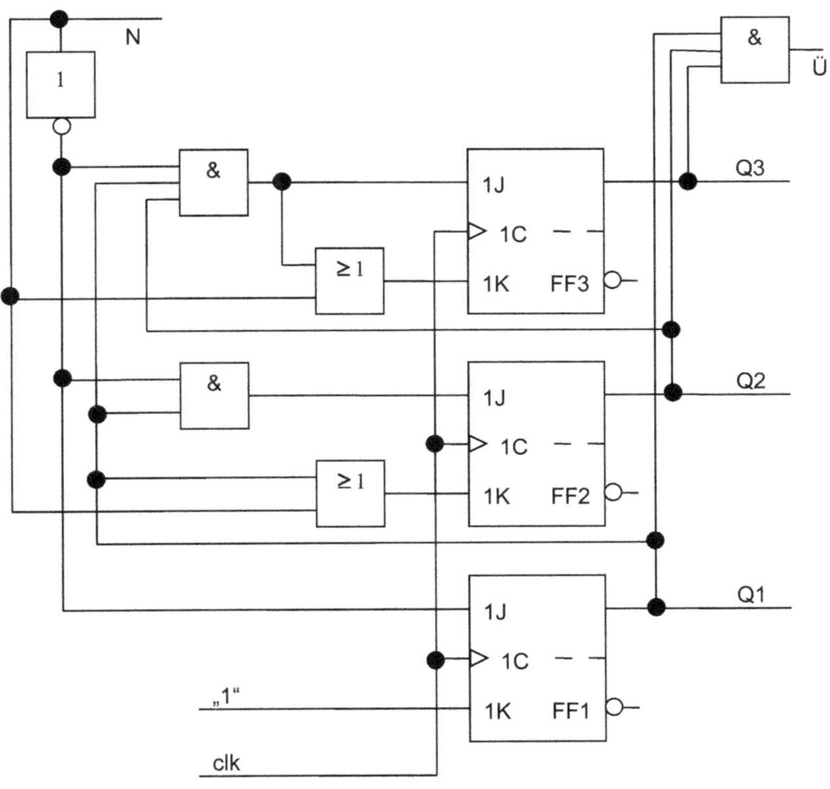

Abb. 8.3.2.2: Schaltung des Zählers

9. Rechenschaltungen

Mit Digitalschaltungen können Rechenoperationen wie z. B. die Addition durchgeführt werden. Derartige Schaltungen heißen Rechenschaltungen. Sie erzeugen zwischen ihren Eingangsvariablen Verknüpfungen, die einem Rechenvorgang entsprechen. Die Eingangsvariablen und die eigentliche Schaltung sind für einen bestimmten Code ausgelegt, mit dem die Variablen aufgenommen, verarbeitet und die Ergebnisse ausgegeben werden. Jede Rechenschaltung ist somit nur für den vorher ausgewählten Code geeignet (Dual, BCD, Aiken, 3-Exzess, ...).

9.1 Der Halbaddierer

Die einfachste Rechenschaltung ist der Halbaddierer. Wie der Name bereits vermuten lässt handelt es sich hierbei um eine Schaltung die duale Zahlen miteinander addieren kann. Die Rechenregeln lauten wie folgt:

$$0 + 0 = 0$$
$$0 + 1 = 1$$
$$1 + 0 = 1$$
$$1 + 1 = 10$$

Für die Schaltungsrealisierung werden zwei Eingänge E1 und E2 benötigt, die jeweils eine Variable enthält. Die Variablen werden miteinander addiert. Das Ergebnis wird an zwei Ausgängen A1 und A2 ausgegeben. A1 stellt dabei das Ergebnis der Addition dar und A2 den eventuellen Übertrag. Zunächst werden anhand einer Wertetabelle (Wahrheitstafel) die Funktionen ermittelt:

E2	E1	A1	A2
0	0	0	0
0	1	1	0
1	0	1	0
1	1	0	1

Tab. 9.1.1: Wahrheitstafel für Halbaddierer

Aus Tab. 9.1.1 können nunmehr die Funktionen entnommen werden. Hierbei wird in eine Funktion für die Berechnung des Ergebnisses (A1) und eine Funktion für den Übertrag (A2) entnommen:

$$A1 = \left(E1 \wedge \overline{E2}\right) \vee \left(\overline{E1} \wedge E2\right) \tag{9.1.1}$$

$$A2 = E1 \wedge E2 \tag{9.1.2}$$

(9.1.1) sollte aus Kapitel 5 bereits als Antivalenzelement bekannt sein. (9.1.2) ist also eine Zusatzschaltung zum Antivalenzelement, um den eventuellen Übertrag einer Addition anzuzeigen. Die Schaltung des Halbaddierers stellt sich aus (9.1.1/2) also wie folgt dar:

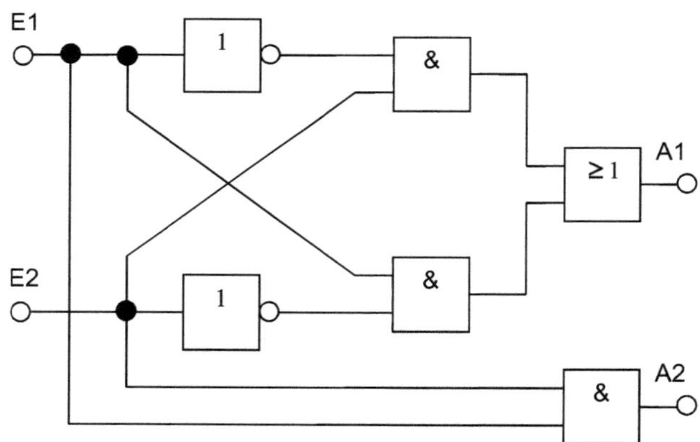

Abb. 9.1.1: Schaltung eines Halbaddierers

Ein gängiges in der Praxis genutztes Symbol für den Halbaddierer ist in folgender Abbildung dargestellt (co = carry out, bezeichnet den Übertrag):

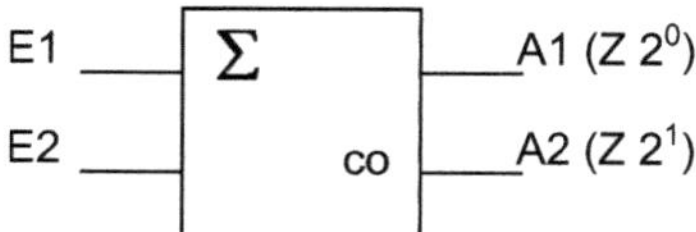

Abb. 9.1.2: Symbol Halbaddierer

9.2 Der Volladdierer

Will man nun Dualzahlen mit mehreren Stellen addieren so benötigt man eine zusätzliche Addierschaltung die drei Eingangssignale verarbeiten können (Volladdierer). Ein Volladdierer ist also eine Schaltung mit der drei Dualziffern addiert werden können (Variable E1, Variable E2, Übertrag C3 aus vorhergehender Addition, C3 wird auch als Carry In ci bezeichnet und stellt den Übertrag der vorhergehenden Addition dar). Die Wahrheitstabelle soll wiederum Aufschluss über die möglichen Funktionen eines Volladdierers liefern:

$C3_n$	$E2_n$	$E1_n$	$A1_n$(Ergebnis)	$A2_n$ (Übertrag)
0	0	0	0	0
0	0	1	1	0
0	1	0	1	0
0	1	1	0	1
1	0	0	1	0
1	0	1	0	1
1	1	0	0	1
1	1	1	1	1

Tab. 9.2.1: Wahrheitstafel für Volladdierer

Aus Tab. 9.2.1 werden die Funktionen für das Ergebnis und den Übertrag entnommen. Für die Ziffer der Summe an der Stelle n ergibt sich folgende Gleichung

$$
\begin{aligned}
A1_n \quad &= \left(E1_n \wedge \overline{E2_n} \wedge \overline{C3_n}\right) \vee \left(\overline{E1_n} \wedge E2_n \wedge \overline{C3_n}\right) \vee \left(\overline{E1_n} \wedge \overline{E2_n} \wedge C3_n\right) \vee \left(E1_n \wedge E2_n \wedge C3_n\right) \\
&= \left[\overline{C3_n}\left(\left(E1_n\,\overline{E2_n}\right) \vee \left(\overline{E1_n}\,E2_n\right)\right)\right] \vee \left[C3_n\left(\left(\overline{E1_n}\,\overline{E2_n}\right) \vee \left(E1_n\,E2_n\right)\right)\right] \\
&= \left[\overline{C3_n}\left(E1_n \oplus E2_n\right)\right] \vee \left[C3_n\left(\overline{E1_n \oplus E2_n}\right)\right] \\
&= C3_n \oplus \left(E1_n \oplus E2_n\right) \quad\quad\quad\quad\quad\quad\quad (9.2.1)
\end{aligned}
$$

Für den Übertrag ergibt sich die Gleichung zu

$$
\begin{aligned}
A2_n \quad &= \left(E1_n \wedge E2_n \wedge \overline{C3_n}\right) \vee \left(E1_n \wedge \overline{E2_n} \wedge C3_n\right) \vee \left(\overline{E1_n} \wedge E2_n \wedge C3_n\right) \vee \left(E1_n \wedge E2_n \wedge C3_n\right) \\
&= \left(E1_n\,E2_n\right) \vee C3_n \wedge \left[\left(\overline{E1_n} \wedge E2_n\right) \vee \left(E1_n \wedge \overline{E2_n}\right)\right] \\
&= \left(E1_n\,E2_n\right) \vee C3_n \wedge \left[E1_n \oplus E2_n\right] \quad\quad\quad\quad\quad\quad (9.2.2)
\end{aligned}
$$

Werden die Ausgangsgleichungen (9.2.1) & (9.2.2) in das K-Diagramm übernommen so ergibt sich für (9.2.1) keine Möglichkeit der Vereinfachung.

Die Schaltung für den Volladdierer stellt sich nach (9.2.1) und (9.2.2) also wie folgt dar:

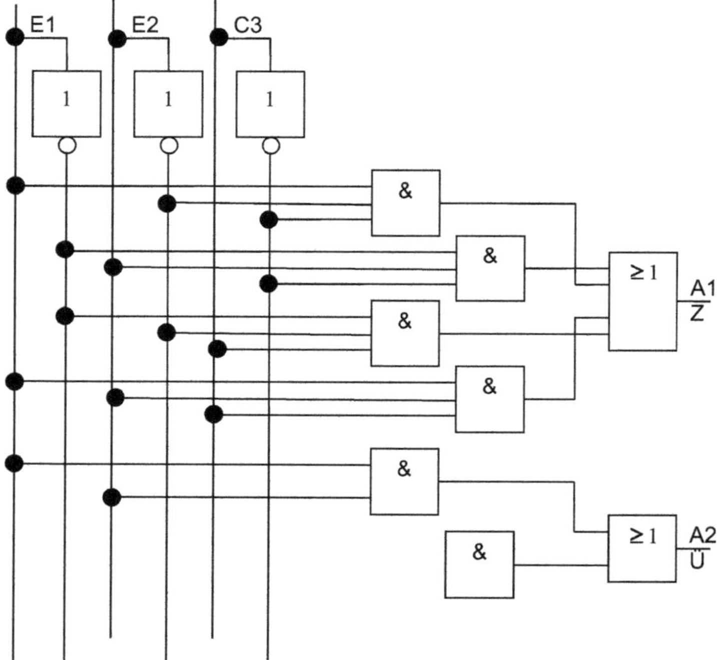

Abb. 9.2.2: Schaltung eines Volladdierers

Ein gängiges in der Praxis genutztes Symbol für den Volladdierer ist in folgender Abbildung dargestellt:

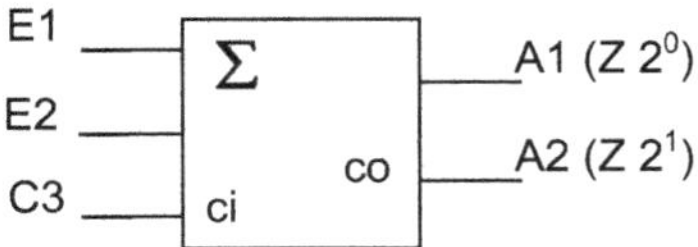

Abb. 9.2.3: Symbol Volladdierer

9.3 4bit Parallel-Addierschaltung

Aus den vorhergehenden Abschnitten ist die Addition mittels Halb- und Volladdierer nun bekannt und es kann auf die Addition einer mehrstelligen Dualzahl eingegangen werden. In diesem Beispiel soll mittels der Halb- und Volladdierer eine Schaltung zur Addition einer 4bit Zahl entwickelt werden. Um den zeichnerischen Schaltungsaufwand so gering wie möglich zu halten, wird auf die diskreten Darstellungen mittels der verschiedenen logischen Gatter verzichtet. Der Aufbau wird anhand der vorgestellten Symbole dargestellt.

Anhand des folgenden Beispiels wird die Funktionsweise des in Abb. 9.3.1 dargestellten Addierers untersucht.

$$
\begin{array}{cccccc}
 &   & 1 & 0 & 1 & 1 \\
+ &   & 0 & 1 & 1 & 1 \\
\hline
 & 1 & 0 & 0 & 1 & 0 \\
 &   & \text{VA} & \text{VA} & \text{VA} & \text{HA}
\end{array}
$$

Grundsätzlich wird bei jeder Addition ein Halbaddierer an der Stelle 2^0 und Volladdierer für die weiteren Stellen benötigt. Eine Ausnahme wäre gegeben wenn vor der Addition ein Übertrag aus einer vorherigen Berechnung oder dergleichen auf 2^0 übertragen werden müsste. In diesem Fall wären 4 Volladdierer notwendig. In diesem Beispiel konzentrieren wir uns auf die 1 Halbaddierer (HA) und 3 Volladdierer (VA) – Variante.

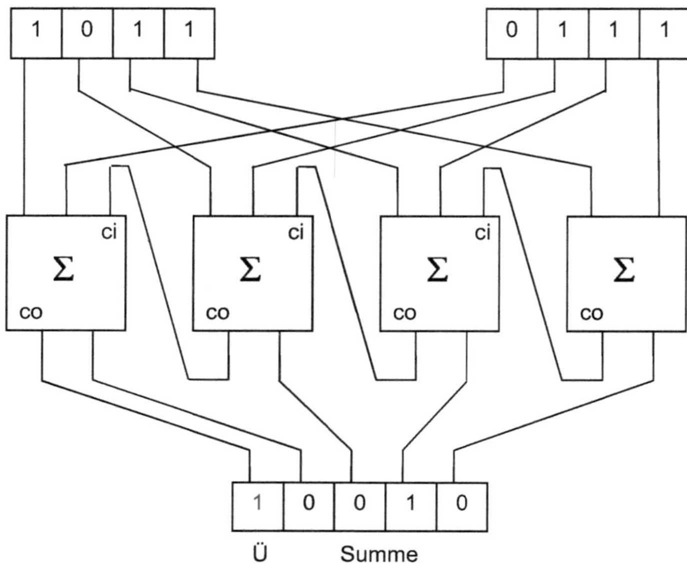

Abb. 9.3.1: 4bit Parallel Addierschaltung

9.4 4bit Seriell-Addierschaltung

Eine Addition mehrerer Stellen kann ebenso seriell erfolgen. Zur Realisierung wird wiederum ein Volladdierer und mehrere Schieberegister benötigt. Zunächst werden die Variablen ins Schiebregister eingelesen, damit sie zur seriellen Ausgabe zum Volladdierer bereit stehen. Beginnend mit der niedrigsten Stelle, werden die Variablen sequentiell dem Volladdierer zugeführt, der dann bitweise addiert und das Ergebnis wiederum in ein Schieberegister überführt. Der Übertrag wird mit einem FlipFlop um einen Takt verzögert und der nächsten 1bit-Addition zugeführt.

Bei der seriellen Addition ist wichtig, dass alle Komponenten der Schaltung mit dem gleichen Takt versehen sind, also synchron getaktet werden.

Der Übertrag aus der letzten Addition steht als einzelnes Bit gesondert zur Verfügung und muss bei späteren Berechnungen wieder zugeführt werden.

Folgende Abbildung 9.4.1 zeigt den Aufbau eines seriellen 4bit Addierers:

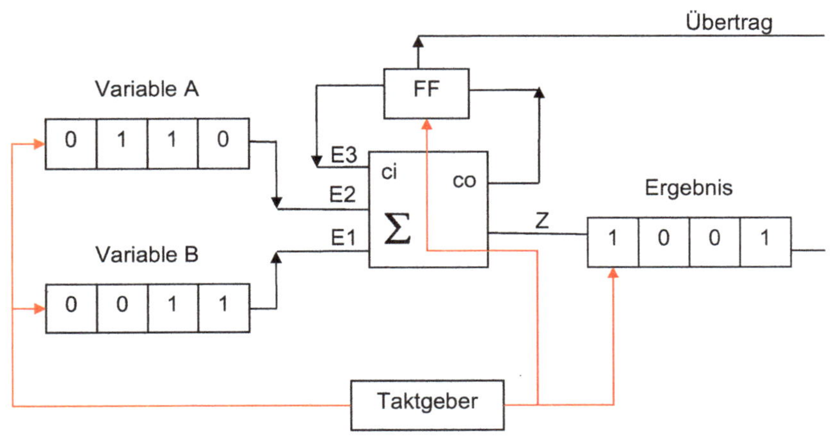

Abb. 9.4.1: 4bit Seriell Addierschaltung

9.5 Carry-look-ahead-Addierer

Die bislang vorgestellten Addier-Schaltungen haben einen entscheidenden Nachteil: Die Addition erfolgt bitweise, und der Übertrag zum nächst höheren Bit ist erst nach Berechnung des Ausgangsbits vorhanden. Um eine duale Zahl addieren zu können werden somit mindestens so viele Takte benötigt wie Stellen in der Dualzahl vorhanden sind. Bei langen Zahlen (64 oder 128bit) führt das zu kaum hinnehmbaren Rechenzeiten für die vermeidlich einfache Addition.

Abhilfe für diese Problemstellung schafft der „carry-look-ahead" – Addierer, der es ermöglicht die Überträge für alle Stellen der Dualzahl mit einem Takt zu berechnen, und bei der bitweisen Addition den jeweiligen Stellen der Dualzahl direkt zur Verfügung stellt. Am Beispiel einer 4bit-Addition soll die Funktionsweise dieses besonderen Addierers vorgestellt werden. Dazu seinen folgende Variablen deklariert:

A_1, A_2, A_3, A_4 = Summand A mit den Wertigkeiten $2^0, 2^1, 2^2, 2^3$

B_1, B_2, B_3, B_4 = Summand B mit den Wertigkeiten $2^0, 2^1, 2^2, 2^3$

C_1, C_2, C_3, C_4, C_5 = Carry-bits: $C_1 \rightarrow$ Ü aus vorhergehender Berechnung

$C_2, ... , C_5$ Ü's aus aktueller Berechnung

Zunächst wird eine allgemeingültige Gleichung für die einzelnen Überträge C1 bis C5 aufgestellt, wobei C2 bis C4 in den Stellen 2 bis 4 zu den Summanden hinzuaddiert werden müssen:

$$C_{n+1} = (B_n \cdot A_n) \vee [C_n \cdot (B_n \oplus A_n)]$$

(9.5.1)

Beispiel anhand einer 2bit Addition:

		2^2	2^1	2^0
A			1	1
B	+		1	1
		1	1	0

Aus (9.5.1) geht also hervor, dass das Übertrags-Bit für die Stelle 2^1 wie folgt resultiert:

$$C_{n+1} = (B_n \cdot A_n) \vee [C_n \cdot (B_n \oplus A_n)] = (B_0 \cdot A_0) \vee [C_0 \cdot (B_0 \oplus A_0)]$$

$$C_1 = (1 \cdot 1) \vee \left[\underbrace{0 \cdot (1 \oplus 1)}_{0} \right] = 1 \vee 0 = 1$$

(9.5.2)

Aus (9.5.2) resultiert also das carry-bit für die Stelle 2^1. Um nun eine parallele Berechnung der einzelnen carry-bits zu realisieren, werden die eben genannten „generate-" und „propagate-" Terme genutzt.

Mit dem „generate-" Term wird der aktuelle Übertrag der betrachteten Stelle n bestimmt:

$$G_n = B_n \cdot A_n$$

(9.5.3)

Der „propagate-" Term betrachtet dagegen den Übertrag der aus einer vorgestellten Berechnung zugeführt werden muss:

$$P_n = B_n \oplus A_n$$

(9.5.4)

Werden diese Termen nun in (9.5.1) eingesetzt, erhält man die allgemeingültige Ausgangsfunktion zur Berechnung eines Übertrages an der Stelle n+1 einer Dualzahl:

$$C_{n+1} = G_n \vee (C_n \cdot P_n) \tag{9.5.5}$$

$G_n = B_n \cdot A_n$ (G vom englischen to generate = erzeugen, da durch den Ausdruck

$\qquad B_n \cdot A_n$ der Übertrag erzeugt wird).

$P_n = B_n \oplus A_n$ (P vom englischen to propagate = fortpflanzen, da bei $P_n = B_n \oplus A_n$ ein

$\qquad$ einlaufender Übertrag einen Übertrag für die nächste Stelle erzeugt, sich also fortpflanzt).

Durch Einsetzen der Ausdrücke für C_n errechnen sich nun die Überträge für die weiteren Stellen. Das Verfahren soll nun anhand der ursprünglichen 4bit-Addition dargelegt werden:

$$C_2 \quad = G_1 \vee (C_1 P_1) \tag{9.5.6}$$

$$\begin{aligned} C_3 \quad &= G_2 \vee (C_2 P_2) = G_2 \vee \left[(G_1 \vee (C_1 P_1)) P_2 \right] \\ &= G_2 \vee (G_1 P_2) \vee (C_1 P_1 P_2) \end{aligned} \tag{9.5.7}$$

$$\begin{aligned} C_4 \quad &= G_3 \vee (C_3 P_3) = G_3 \vee \left[(G_2 \vee (G_1 P_2) \vee (C_1 P_1 P_2)) P_3 \right] \\ &= G_3 \vee (G_2 P_3) \vee (G_1 P_2 P_3) \vee (C_1 P_1 P_2 P_3) \end{aligned} \tag{9.5.8}$$

$$\begin{aligned} C_5 \quad &= G_4 \vee (C_4 P_4) = G_4 \vee \left[(G_3 \vee (G_2 P_3) \vee (G_1 P_2 P_3) \vee (C_1 P_1 P_2 P_3)) P_4 \right] \\ &= G_4 \vee (G_3 P4) \vee (G_2 P_3 P_4) \vee (G_1 P_2 P_3 P_4) \vee (C_1 P_1 P_2 P_3 P_4) \end{aligned} \tag{9.5.9}$$

Zur Ermittlung der Ziffer (Additionsergebnis an Stelle n) wird von der allgemein gültigen Gleichung des Volladdierers ausgegangen:

$$Z_n = C_n \oplus (A_n \oplus B_n) \tag{9.5.10}$$

Die Herleitung der Gleichung (9.5.10) resultiert aus dem Aufstellen einer Wahrheitstabelle, in der die Summanden und das Carry-Bit als Literale angenommen werden, und die Lösungen (Z) die resultierende Summe der Literal-Addition ist. Die Lösungen werden disjunktiv verknüpft und mithilfe der boole'schen Rechenregeln so weit vereinfacht bis (9.5.10) entsteht.

Mit den voranstehenden Berechnungen kann der 4bit-carry-look-ahead-addierer nun aufgebaut werden. Die folgende Abbildung zeigt aus Platzgründen lediglich einen 2-bit-carry-look-ahead Addierer (C3 entspricht 9.5.7).

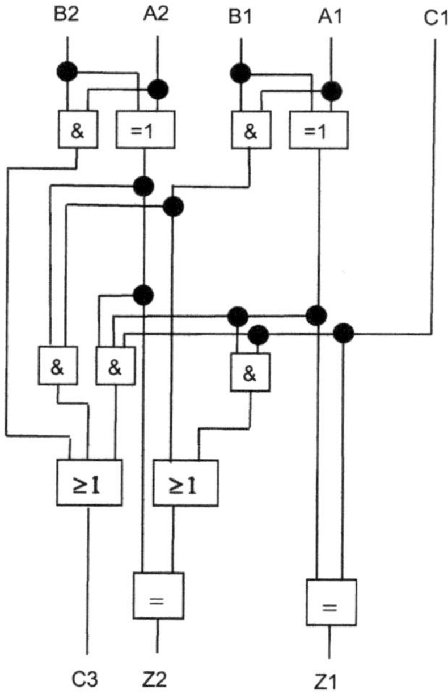

Abb. 9.5.1: 2-bit-carry-look-ahead Addierer

9.6 Subtraktionsschaltung

Die duale Subtraktion erfolgt über Komplementbildung des Subtrahenden. Daher muss in die bekannte Schaltung des Addierers ein 2er-Komplement-Bilder eingesetzt werden. Die notwendige Addition mit „1" um das 2er-Komplement zu bilden wird in der Addierschaltung als Übertrag auf den niedrigsten Volladdierer vorgegeben.

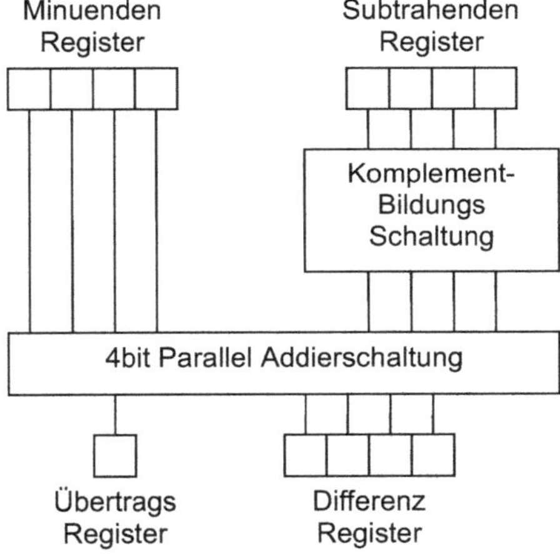

Abb. 9.5.1: Subtraktionsschaltung mittels Komplementbildung

10. Digitale Auswahl- und Verbindungsschaltungen

Digitale Auswahl- und Verbindungsschaltungen kommen immer dann zum Einsatz, wenn mehrere Signale gleichzeitig anstehen und eine gezielte Auswahl der richtigen Signale gewünscht ist. Die wahrscheinlich bekanntesten Auswahlschaltungen sind unter anderem:

- Datenselektoren
- Multiplexer (MUX)
- Demultiplexer (DEMUX)

10.1 Multiplexer und Demultiplexer

Anhand der folgenden Darstellung soll die Funktionsweise eines Multiplexers (zeitgesteuerter Datenselektor) näher erläutert werden. Die Aufgabe des Multiplexers ist anhand eines Steuersignals S_x einen Signalweg E auf den Ausgang A zu schalten. Durch die zeitliche Abhängigkeit kann durch geschickte Programmierung der Steuerbits und das richtige Timing der Eingangssignale ein paralleler Datenstrom in einen seriellen Datenstrom gewandelt werden.

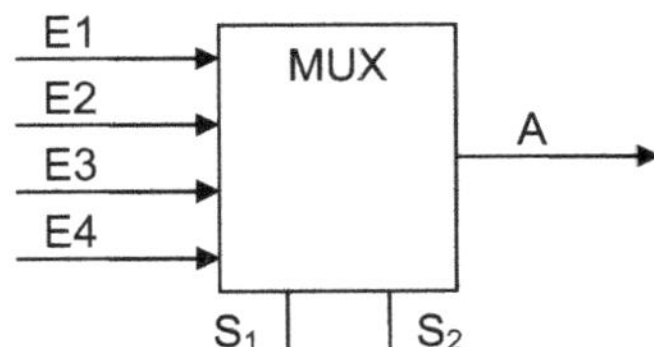

Abb. 10.1.1: 4bit Multiplexer

Der Demultiplexer ist das Pendant zum Multiplexer. Er wandelt serielle in parallele Datenströme.

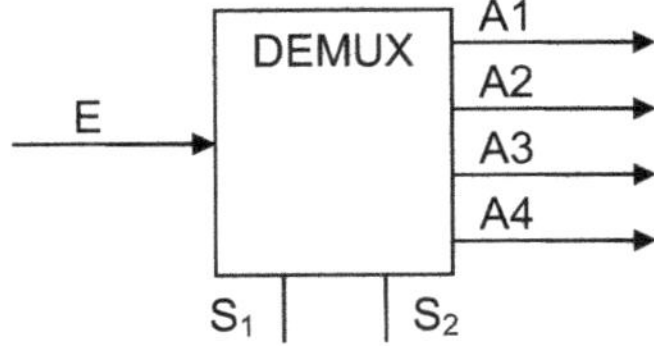

Abb. 10.1.2: 4bit Demultiplexer

Die Schaltungsrealisierung des Multi- und Demultiplexers stellt sich als sehr einfach heraus. Letztlich müssen die eingehenden Signale lediglich auf AND-Gatter geschaltet werden deren übrigen Eingänge an den Steuerleitungen angeschlossen sind. Somit ergibt sich mit dem Signal der Steuerleitung eine Matrix der aktiven und nicht aktiven Signalwege.

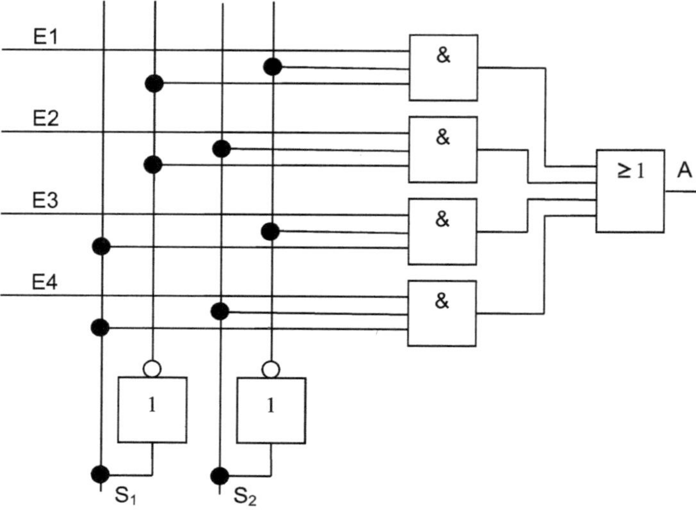

Abb. 10.1.3: Aufbau eines 4bit Multiplexers

Der Demultiplexer hingegen wandelt den seriellen Datenstrom in einen parallelen Datenstrom um. Dabei sind ebenfalls X Steuereingänge nötig, um das serielle Signal in ein 2^X breites, paralleles Wort zu wandeln. Ein 4-Bit Demultiplexer verfährt also nach folgender Wahrheitstafel:

Schaltstufe	S2	S1	E
1	0	0	Q_A
2	0	1	Q_B
3	1	0	Q_C
4	1	1	Q_D

Abb. 10.1.4: Wahrheitstafel eines 4-Bit Demultiplexers

Der Aufbau des Demultiplexers ist in folgender Abbildung dargestellt:

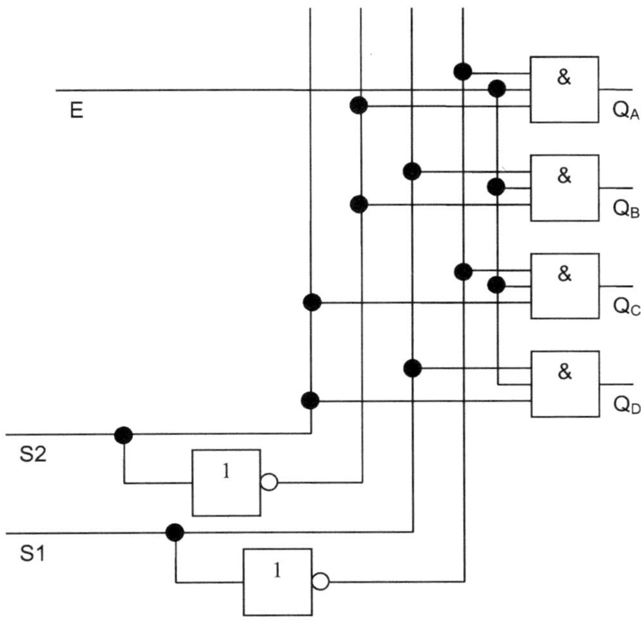

Abb. 10.1.5: 1-Bit zu 4-Bit Demultiplexer

10.2 2x4-Bit zu 4-Bit Datenselektor

Der 2x4-Bit zu 4-Bit Datenselektor hat zwei jeweils 4-Bit breite Eingänge und einen 4-Bit breiten Ausgang. Mit einem Steuersignal wird nunmehr entschieden, welcher der beiden Eingänge auf den Ausgang geschaltet wird.

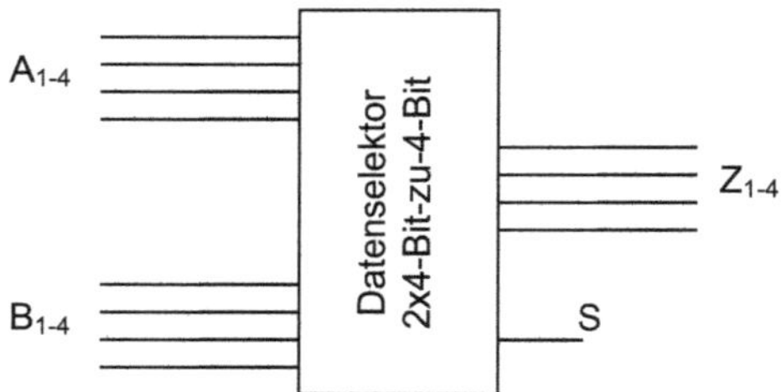

Abb. 10.2.1: 2x4-Bit zu 4Bit Datenselektor

Das Durchschalten der Eingänge auf den Ausgang erfolgt unter Berücksichtigung des Steuereingangs S nach folgender Tabelle:

Schalterstufe	S	$Z_{1-4}=$
1	0	A_{1-4}
2	1	B_{1-4}

Tab. 10.2.1: Wahrheitstafel zum 2x4-Bit zu 4-Bit Datenselektor

Der logische Aufbau des Datenselektors mittels logischer Gatter ist gleichermaßen einfach wie verständlich:

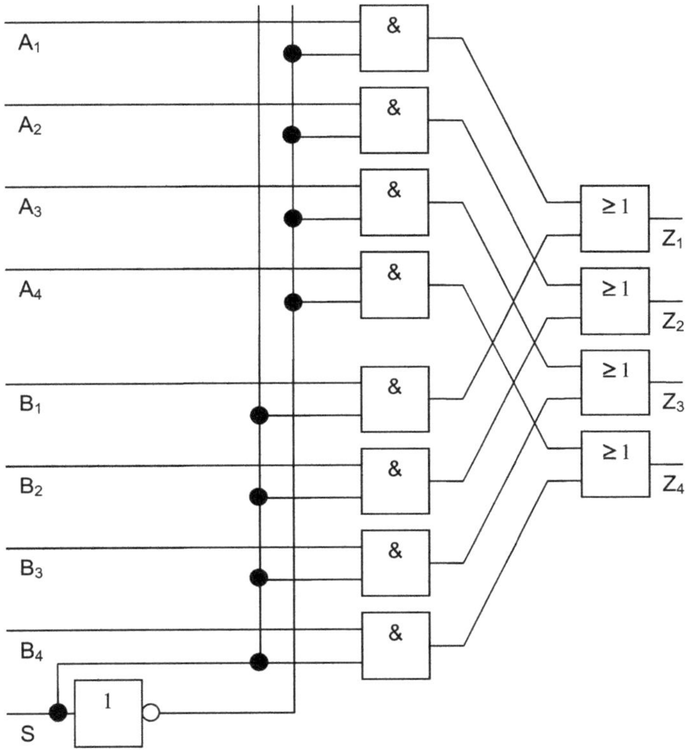

Abb. 10.2.2: 2x4-Bit zu 4Bit Datenselektor (Gatterebene)

10.3 Komparatorschaltung

Ein digitaler Komparator ist eine digitale Schaltung, die zwei binäre Ausdrücke A und B miteinander vergleicht und anzeigt ob A > b, A = B oder A < B ist. Gleichheit bedeutet in diesem Fall, dass alle Stellen der Zahlen A und B miteinander übereinstimmen müssen. Die Ungleichheit zeigt, dass die Zahlen A und B in mindestens einer Stelle nicht miteinander übereinstimmen. Die Zahlen sind auf einen verwandten Code einzustellen/umzuwandeln, bevor sie miteinander verglichen werden können. Um die Schaltung nunmehr entwickeln zu können werden im ersten Schritt die möglichen Bit-Konstellationen in einer Wahrheitstabelle dargestellt, um aus dieser wiederum die Funktionsgleichungen ableiten zu können. Zuvor muss geklärt werden welche Variablen zur Verfügung stehen und welche Zustände am

Ausgang der Schaltung erwartet werden. Es werden 2 Eingänge benötigt um die zu vergleichenden Ziffern der Schaltung zuführen zu können:

A = Variable 1,

B = Variable 2.

Weiterhin werden 3 Ausgänge benötigt um die Ungleichheit bzw. die Gleichheit der Eingangsvariablen bewerten zu können:

X = 1, wenn A > B

Y = 1, wenn A = B

Z = 1, wenn A < B

Mithilfe dieser Definitionen lässt sich nun die Wertetabelle füllen:

Fall	B	A	X	Y	Z
1	0	0	0	1	0
2	0	1	1	0	0
3	1	0	0	0	1
4	1	1	0	1	0

Tab. 10.3.1: Wahrheitstabelle für dualen Komparator

Aus Tab. 10.3.1 können nun die einzelnen Funktionen zum Schaltungsentwurf entnommen werden:

$$X = A \wedge \overline{B} \tag{10.3.1}$$

$$Y = \left(\overline{A} \wedge \overline{B}\right) \vee \left(A \wedge B\right) \tag{10.3.2}$$

$$Z = \overline{A} \wedge B \tag{10.3.3}$$

Mit Hilfe der Gleichungen (10.3.1) bis (10.3.3) kann nun die Vergleichsschaltung aufgebaut werden:

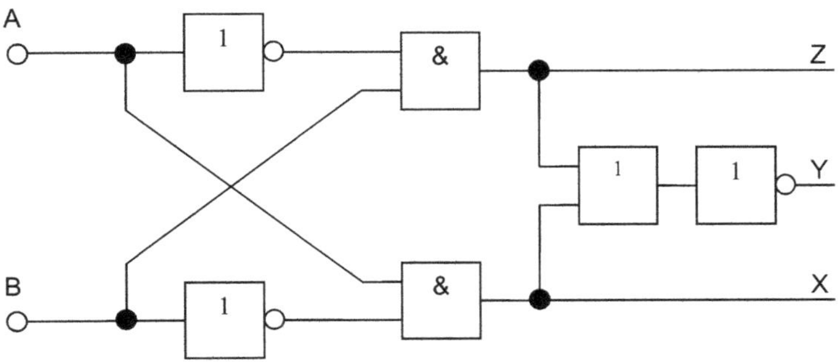

Abb. 10.3.1: Aufbau eines Dual-Komparators

10.4 DA- und AD-Wandler

10.4.1 Digital – Analog – Wandler

Bei der DA-Wandlung wird einem binären Wort ein Spannungspegel zugewiesen. Dies ist beispielsweise dann notwendig, wenn eine programmierte Befehlskette am Ende eine Steuerung ausführen muss, die am Eingang eine analoge Spannung benötigt. Auf diese Weise können Signalabläufe generiert bzw. beeinflusst werden und in analoger Form wiedergegeben werden.

Essentiell sind bei Wandlung von Signalen zum einen die Auflösung (Quantisierung) und zum anderen die Frequenz. Theoretisch kann beides sehr hoch gewählt werden, was in der Praxis aber meist zu unnötiger Verschwendung von Ressourcen führt.

In Abb. 10.4.1.1 ist ein 3bit Code gegeben der eine Spannung von 0-7V darstellen soll. Jeder Bit-Kombination muss ein Spannungswert eindeutig zugewiesen werden. Die Anzahl der möglichen Amplitudenwerte würde stark ansteigen, sobald die Auflösung von beispielsweise 3bit auf 10bit erhöht würde (3bit = 8 Amplitudenwerte, 10bit = 1024 Amplitudenwerte). Letztlich ist wichtig, dass die resultierende, analoge Spannung ihren Zweck erfüllt, und für diesen immer eindeutige Ergebnisse liefert. Grundsätzlich sollte immer darauf geachtet werden, dass die Anzahl der verwendeten Bits so gering wie möglich bleibt.

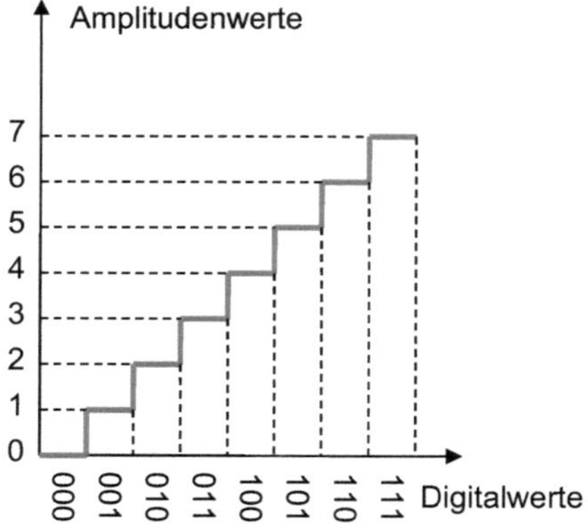

Abb. 10.4.1.1: Prinzip der DA-Wandlung

In der Umsetzung werden die verschiedenen Spannungen beispielsweise durch das Zu- und Abschalten von Widerständen in einer Widerstandsmatrix gewonnen. Das Schalten wird dabei durch das digitale Signal gesteuert. Eine bekannte Schaltung ist hier die R/2R – Schaltung:

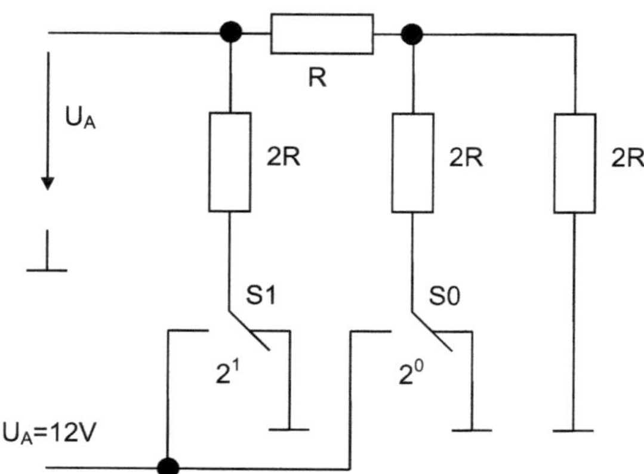

Abb. 10.4.1.2: Prinzip der DA-Wandlung anhand der R/2R-Schaltung

Aus folgender Wertetabelle sind die analogen Amplitudenwerte von U_A in Abhängigkeit der Schalterstellungen von S0 und S1 dargestellt:

Dezimal-wert	S1	S0	U_A
0	0	0	0V
1	0	1	3V
2	1	0	6V
3	1	1	9V

Tab. 10.4.1.1: Wahrheitstabelle zur R/2R-Schaltung

10.4.2 Analog – Digital – Wandler

Die AD-Wandler formen analoge Signale in binäre Informationen um. Dabei ist wichtig, wie viele Bits zur Darstellung der diskreten Spannung zur Verfügung stehen. Je mehr Bits, desto höher ist die Auflösung der Spannung.

Um ein analoges Signal in den digitalen Bereich umzuwandeln, bedarf einer zu definierenden Abtastrate die das analoge Signal periodisch abtastet. Dabei wird mit jedem Abtastschritt der aktuelle Spannungswert der analogen Spannung in ein digitales Signal gewandelt und als Bit-Stream abgespeichert. Die Abtastschritte oder auch die Abtastfrequenz muss nach Nyquist/Shannon mindestens doppelt so groß sein wie die obere Grenzfrequenz des abzutastenden Signals:

$$f_{Abtast} > 2 \cdot f_{max} \qquad (10.4.2.1)$$

Das Nutzsignal muss nach dieser Theorie kleiner sein als die Nyquist-Frequenz:

$$f_{Nyquist} = \frac{1}{2} \cdot f_{Abtast} \qquad (10.4.2.2)$$

Wird dieses Gesetz eingehalten, kann das Nutzsignal beliebig genau rekonstruiert werden, und Fehler in der Amplitude durch die Digitalisierung sind vernachlässigbar.

Das wahrscheinlich bekannteste Verfahren zur Umsetzung von analogen Spannungswerten in digitale Informationen ist das Dual-Slope-Verfahren, dass auch Anwendung in den meisten Hand-Multimetern findet. Hierbei wird die zu messende Spannung über einem Integrator für einen festgelegten Zeitraum t_1 integriert. Je nach

Höhe der Spannung resultiert dabei eine verschieden große Spannung U_2 am Ausgang des Integrators. Ist t_2 abgelaufen wird eine festgelegte Spannung an den Eingang des Integrators angelegt, der die Kapazität der Schaltung konstant entlädt. Über diesem Entladevorgang wird die Zeit t_2 gemessen die benötigt wird um die Kapazität zu entladen. Diese Zeitmessung geschieht mit einem Vorwärtszähler dessen Enable mit Beginn der Entladung der Kapazität aktiviert und mit Beendigung der Entladung deaktiviert wird. Der Zählerzustand nach erfolgter Entladung entspricht dann dem digitalen Wert der gewandelten Spannung.

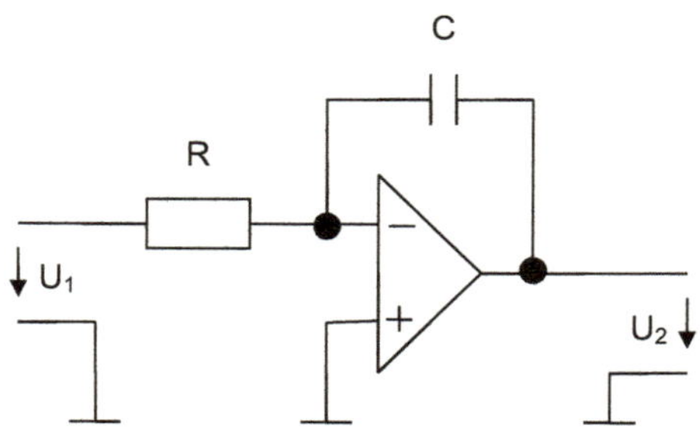

Abb. 10.4.2.1: Integrator für Dual-Slope-Verfahren

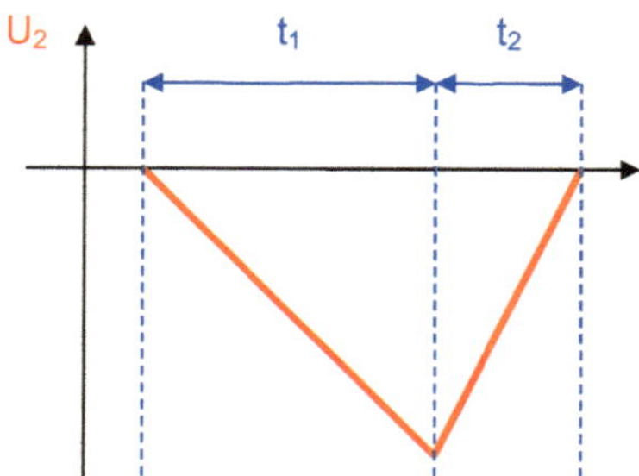

Abb. 10.4.2.2: Spannungsverlauf des Dual-Slope-Verfahrens

10.5 Enkoder- /Dekoderschaltungen

Am Beispiel eines n-Bit Binär-Enkoders wird die Funktionsweise erläutert.

→ Eingangssignal : ein n-bit Wort am Eingang E bei dem maximal 1Bit auf „1"
gesetzt ist.

→ Ausgangssignal : ein m-bit Wort am Ausgang A1 welches den Eingang binär
kodiert.

→ Zusatzausgang : Für den Fall dass alle Eingänge n „0" sind
(alle n = „0"→ A2 = „0" sonst A2 = „1")

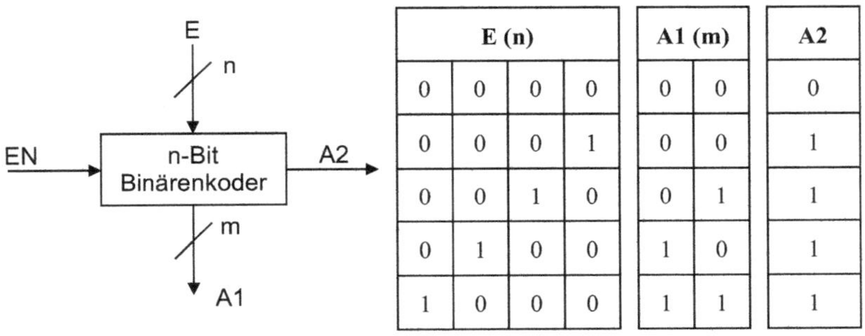

E (n)				A1 (m)		A2
0	0	0	0	0	0	0
0	0	0	1	0	0	1
0	0	1	0	0	1	1
0	1	0	0	1	0	1
1	0	0	0	1	1	1

Abb. 10.5.1: 4-Bit Binärenkoder

Der diskrete Aufbau eines 4-bit Binärenkoders hat folgende Gestalt.

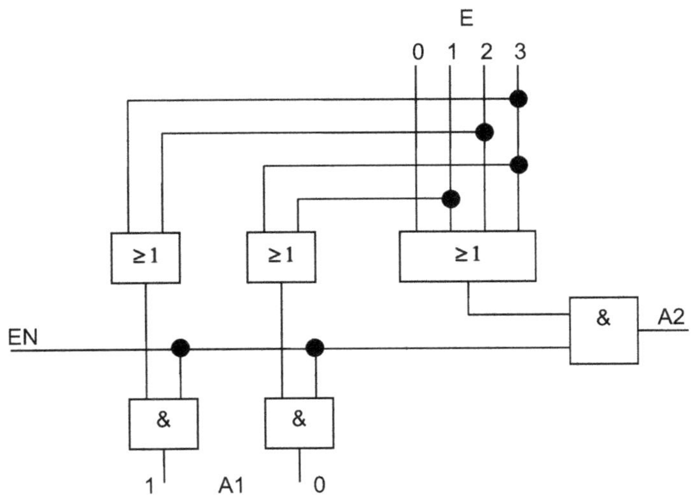

Abb. 10.5.2: 4-Bit Binärencoder

Die Umkehrung der Kodierung wird als Dekodierung bezeichnet. Das vorhergehend generierte Signal wird mittels eines 1-aus-m, Decoders dekodiert.

→ Eingangssignal :   ein binär kodierts n-bit Wort am Eingang E

→ Ausgangssignal :   ein m-bit Wort am Ausgang A1, $m = 2^n$

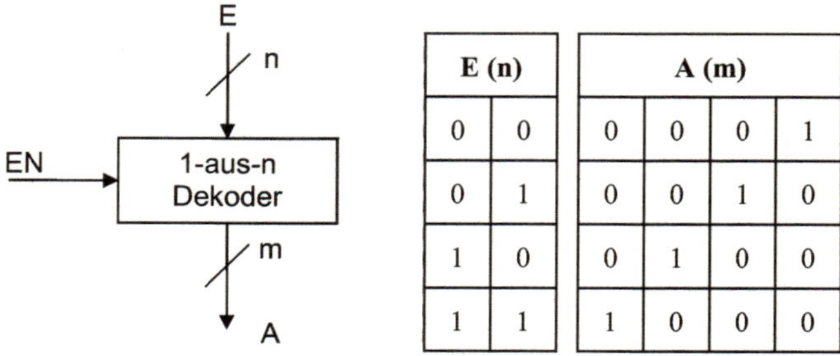

E (n)		A (m)			
0	0	0	0	0	1
0	1	0	0	1	0
1	0	0	1	0	0
1	1	1	0	0	0

Abb. 10.5.3: 1-aus-n Dekoder

Der diskrete Aufbau eines 1-aus-4 Dekoders hat folgende Gestalt.

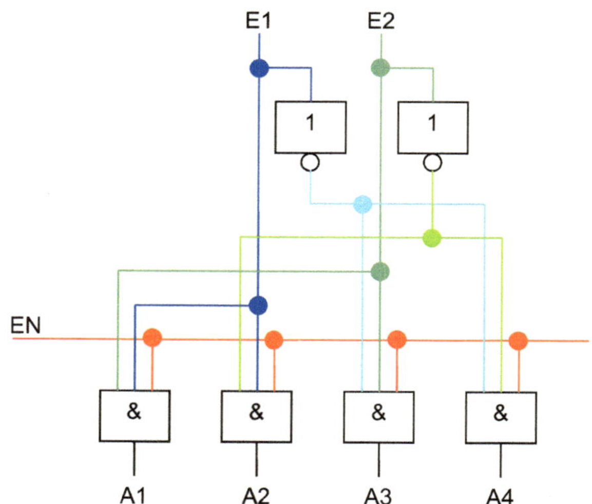

Abb. 10.5.4: 1-aus-4 Dekoder

11. Die Automatentheorie

Die bis hier vorgestellten Schaltnetze entsprechen weitestgehend alle einer bestimmten Anforderung: Eine bestimmte Eingabe am System ruft eine gewisse Ausgabe hervor. Für viele Anwendungsfälle ist dieses Verfahren auch ausreichend, jedoch gibt es Anforderungen die die bisher bekannten Systeme bzw. deren Bediener überfordern. Sobald mehrer Eingaben notwendig werden um eine definierte Ausgabe zu erhalten sind die bisher betrachteten Anwendungen nicht mehr effektiv.

Am Beispiel eines Fahrkartenautomaten soll diese Aussage verdeutlicht werden:

War es bei bisherigen Aufgabenstellungen ausreichend eine Eingabe zu definieren, damit ein Zähler vorwärts oder rückwärts läuft, so muss ein Fahrkartenautomat sehr viel mehr Eingaben verwalten können. Angefangen von möglichen Tarifen, wie Erwachsene, Kinder, Student, ... bis hin zur Zahlungsweise, ob mit 50cent, 1€, 2€, ... gezahlt wird, muss eine logische Schaltung zur Verfügung gestellt werden, die alle Eingangsvariablen verarbeiten kann. Bei endlichen Automaten gibt es dafür ein endliches Eingabealphabet

$$E = \{E_1, E_2, E_3, ..., E_g, ..., E_u\} \tag{11.1}$$

und demzufolge auch ein endliches Ausgabealphabet

$$A = \{A_1, A_2, A_3, ..., A_h, ..., A_v\} \tag{11.2}$$

Da nicht alle Eingaben parallel stattfinden können, muss eine zeitliche Abfolge geschaffen werden, in der die einzelnen Eingaben abgefragt und gespeichert werden.

$$F_E = E_g^n \quad E_g^{n-1} \quad E_g^{n-2} \quad .... \tag{11.3}$$

$$F_A = A_h^n \quad A_h^{n-1} \quad A_h^{n-2} \quad .... \tag{11.4}$$

Die Elemente E_g und A_h stellen dabei beliebige Werte des Ein- und Ausgangsalphabets dar. Durch die zeitliche Abfrage der Eingangsvariablen entstehen jüngere und ältere Variablen E_g. Die älteren stehen dabei rechts von jüngeren.

Umgesetzt auf die bisher erarbeiteten Systeme bedeutet das für ein einfaches Schaltnetz

$$A_h^n = f\!\left(E_g^n\right) \tag{11.5}$$

Da die Automatenausgabe von mehreren, zeitabhängigen Eingaben abhängt kann in einem ersten Schritt folgender Zusammenhang definiert werden:

$$A_h^n = f\!\left(E_g^n, E_g^{n-1}, E_g^{n-2}, \ldots, E_g^{n-\alpha}\right) \tag{11.6}$$

Gleichung (11.6) bildet demnach die Funktion eines Schaltwerks ab, wenn $\alpha+1$ Elemente des Eingangsalphabets beobachtet werden müssen. α ist dabei die zeitliche Tiefe der Verarbeitung. Im Automaten muss also mindestens Speicherplatz für α Zustände gegeben sein. Abb. 11.1 zeigt eine schematische Darstellung der Verarbeitungsweise der Eingangsvariablen im Automat. Letztlich werden alle Eingangsvariablen sequentiell eingelesen und mit dem jeweiligen Index „n" abgelegt. Die Logik (Funktion) des Automaten bildet aus den Eingangsvariablen die Ausgangsgröße.

Die Speichertiefe von α Elementen kann unter Umständen nicht genügen um alle möglichen Eingangsvariablen aufzunehmen. In der Regel ist es daher sinnvoll die Folge $E_g^{n-1}\ldots E_g^{n-\alpha}$ auf ein neues Alphabet S geringerer Mächtigkeit abzubilden:

$$\left(E_g^{n-1}\ldots E_g^{n-\alpha}\right) \;\rightarrow\; S \quad mit \quad |E|^\alpha \geq |S| \tag{11.7}$$

Man nennt das Element S *Zustand* des Automaten. Um den Bezug zwischen *Zustand* und *Eingabe* zu wahren, wird den beiden Elementen jeweils der gleiche Ordnungsindex zugewiesen:

$$A_h^n = \lambda\!\left(E_g^n, S_k^n\right) \tag{11.8}$$

Die Ausgabefunktion des Automaten in Abhängigkeit der Eingabe und des Zustands wird als λ bezeichnet.

Kommt zu einem bestehenden Zustand ein neues Eingabeelement hinzu, so muss die zusätzliche Eingabe E^n im Folgezustand des Automaten berücksichtigt werden. Der Zustand wird also durch eine Übertragungsfunktion δ verändert.

$$S_k^{n+1} = \delta\left(E_g^n, S_g^n\right) \qquad (11.9)$$

Die Abhängigkeit der Ausgabe eines Automaten AT kann also beschrieben werden durch

$$AT = \left(E, A, S, \delta, \lambda\right) \qquad (11.10)$$

Ein Automat der nach diesem Schema funktioniert wird auch als endlicher Automat bezeichnet. Grundsätzlich lassen sich diese Automaten wie folgt grafisch darstellen:

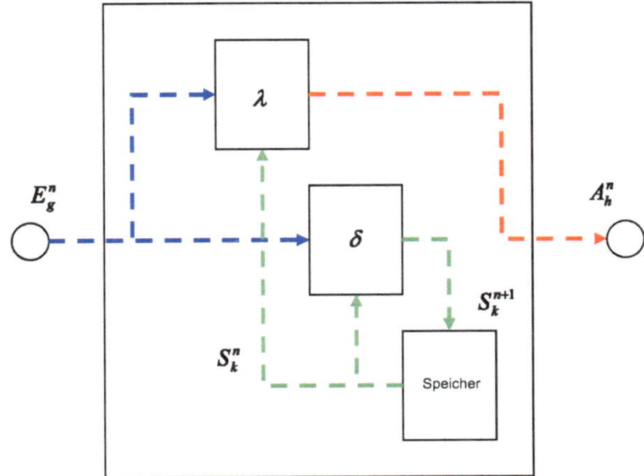

Abb. 11.1: Rekursive Struktur des Automaten

Bezüglich der Ausgabefunktion und ihrer Abhängigkeit von E^n und S^n haben unter anderem zwei Fälle einen eigenen Namen erhalten.

Der so genannte *Mealy-* oder *Übergangsautomat* mit

$$A_h^n = \lambda\!\left(E_g^n, S_k^n\right),$$

(11.11)

und der *Moore-* oder *Zustandsautomat* beim dem die Ausgabe allein vom Zustand abhängt

$$A_h^n = \lambda\!\left(S_k^n\right).$$

(11.12)

In Abb. 11.1 ist demzufolge der Mealy-Automat als allgemeingültiger Automat dargestellt. Der Moore-Automat hat folgende grafische Gestalt:

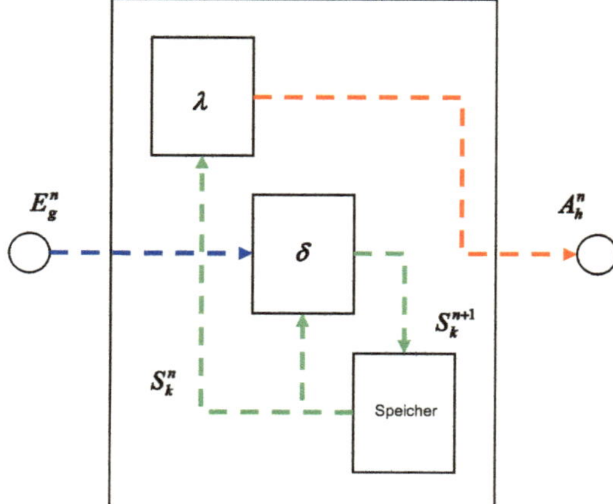

Abb. 11.2: Struktur des Moore-Automaten

11.1 Analyse der Verhaltensweise eines Automaten

Um die Verhaltens- / Funktionsweise eines Automaten darzustellen haben sich 2 unterschiedliche Modelle etabliert. Zum einen der Automatengraph und zum anderen die Automatentafel als Zustandsübergangstabelle. Beide dienen dazu, die Funktion des Automaten zu entwickeln bzw. zu umschreiben.

11.1.1 Graphen eines Automaten

Eine erste anschauliche Methode um die Verhaltensweise eines Automaten aufzuzeigen und zu analysieren ist durch die Darstellung eines Graphen möglich. Ein Graph besteht dabei aus Knoten und gerichteten Kanten. Die Knoten entsprechen dabei den inneren Zuständen eines Automaten. Die Kanten geben das Übergangsverhalten von einem Zustand zum nächsten an. Die inhaltliche Funktion der Knoten und Kanten ist beim Mealy- und Moore-Prinzip unterschiedlich:

Moore-Knoten:	Ausgangselemte sind den Zuständen zugeordnet (s. (11.12)). Ausgangselement und Zustand des Automaten werden in einem Knoten untereinander dargestellt.
Moore-Kanten:	Eine Kante wird mit dem Eingangselement beschrieben, durch den die Änderung vom Ausgangszustand zum Folgezustand hervorgerufen wird.
Mealy-Knoten:	Den Knoten im Mealy-Modell werden lediglich die aktuellen Zustände des Automaten zugeordnet.
Mealy-Kanten:	Der Kante im Mealy-Modell wird das Ausgabeelement und das zugehörige Eingabeelement dass die Ausgabe hervorruft zugeordnet.

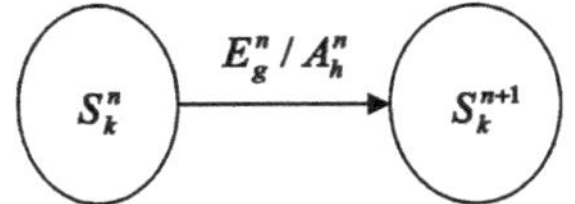

Abb.11.1.1.1: Allgemeiner Mealy-Graph

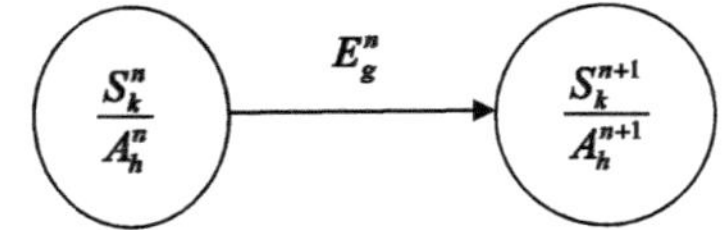

Abb.11.1.1.2: Allgemeiner Moore-Graph

Aus den Abbildungen der allgemeinen Graphen ist ersichtlich, dass jedem Zustand über eine gerichtete Kante ein Folgezustand zugewiesen wird. Ein Sonderfall ist durch Kanten gegeben, die den gleichen Start- und Endzustand aufweisen. Diese Kanten kommen dann zum Einsatz, wenn sich durch das sich ändernde Eingangselement keine Änderung des aktuellen Zustands hervorgerufen wird. In folgender Darstellung ist ein Beispiel eines komplexeren Mealy-Graph mit äquivalentem Moore-Graph dargestellt:

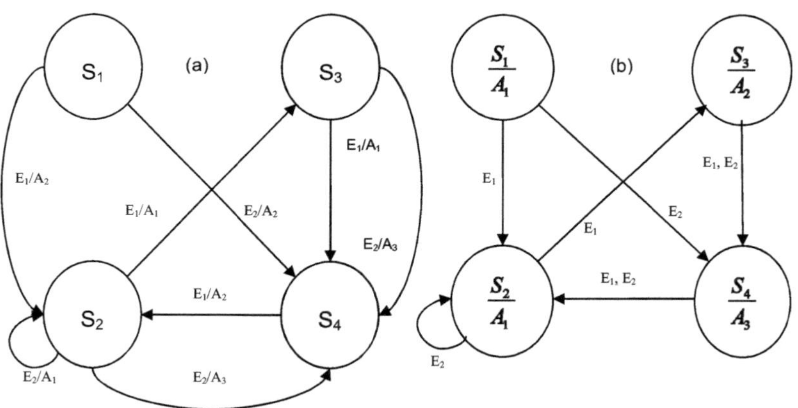

Abb.11.1.1.3: Graph eines Mealy(a)- bzw. Moore(b)-Automaten

Anhand eines einfachen Beispiels soll der Entwurf eines Graphen für einen Automaten vorgestellt werden. Es soll der Automatengraph für folgende Aufgabestellung gezeichnet werden: Konstruieren Sie einen modulo-4-Zähler, der wie folgt gesteuert werden kann:

X_2	X_1	Funktion
0	0	Rückstellen
0	1	Halten
1	0	Vorwärtszählen (Schrittweite 1)
1	1	Rückwärtszählen (Schrittweite 1)

Die Ausgabe soll der Zustandscodierung (S = A) entsprechen und den Zählerstand ausgeben.

→ Durch die gewünschte Zustandscodierung am Ausgang wird offensichtlich, dass der Graph nach dem Moore-Prinzip aufgebaut werden muss (Zustandsgesteuert):

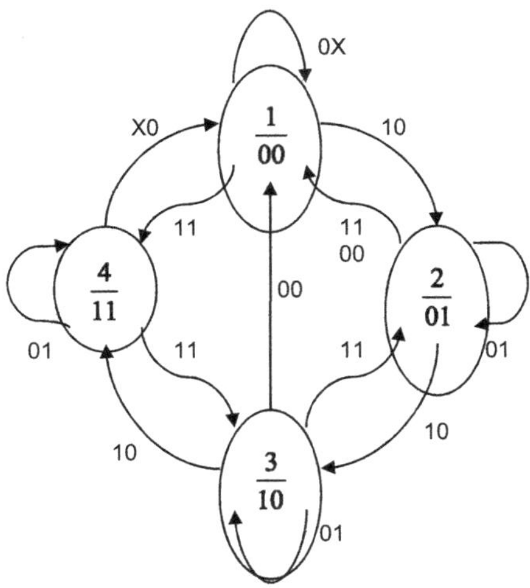

Abb.11.1.1.4: Graph eines modulo-4-Zählers (Moore-Automat)

Beim Prinzip eines Moore-Automaten werden wie bereits erwähnt die Knoten mit dem aktuellen Zustand und der Ausgabe versehen. Bei dem Beispiel des modulo-4-Zählers sind also die Zustände S = {1,2,3,4} zu den jeweiligen Ausgaben A = {00,01,02,03} zugeordnet. Zustand S = 1 entspricht dabei der Ausgabe A = 00, usw..

In einem weiteren Beispiel soll nun ein einfacher Fahrkartenautomat entwickelt werden der eine Fahrkarte für 1,50€ ausgibt. Die Variationsmöglichkeiten sind durch die Eingabemöglichkeiten des Geldes gegeben. Zulässig sind 50cent- und 1€-

Stücke. Der Automat soll alle möglichen Eingaben verarbeiten und zum Ende die Karte und gegebenenfalls Rückgeld ausgeben.

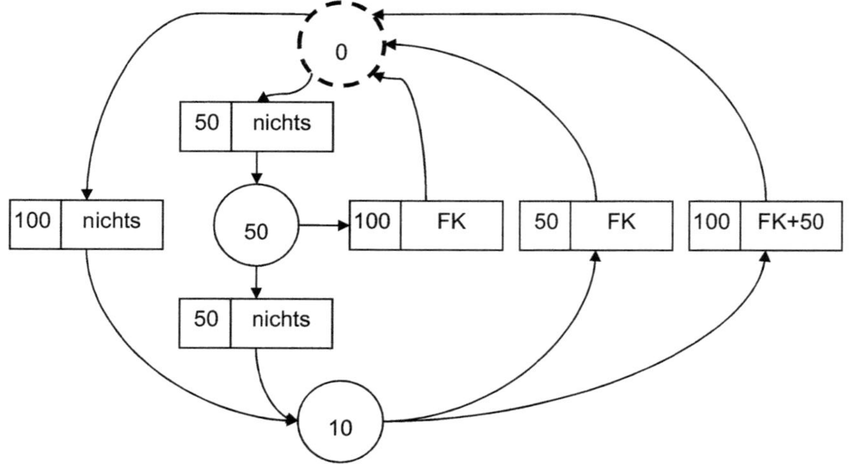

Abb. 11.1.1.5: Mealy-Automatengraph eines Fahrkartenautomaten

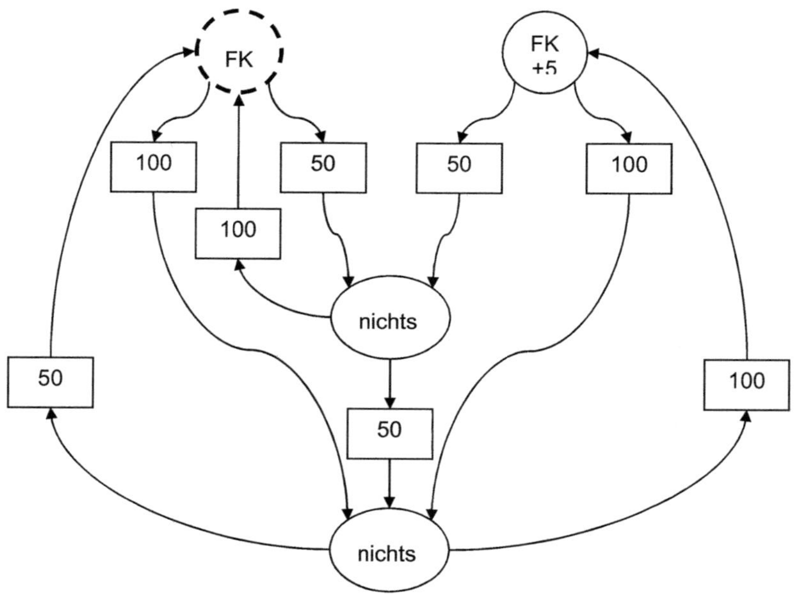

Abb. 11.1.1.6: Moore-Automatengraph eines Fahrkartenautomaten

Der Graph eines Automaten dient also einer schnellen Definition der Funktionsweise und wird bei folgenden Schritten benötigt um die eigentliche Schaltung zu entwerfen

11.1.2 Die Automatentafel

Die Automatentafel dient dazu, die Zustände in Abhängigkeit von den Eingaben darzustellen. Um alle möglichen Zustände abzufangen muss das kartesische Produkt zwischen den Eingangs- und Zustandsmöglichkeiten des Automaten gebildet werden:

$$E_g^n \times S_k^n \qquad\qquad (11.1.2.1)$$

In der folgenden Automatentafel sind zum einen die Eingabemöglichkeiten in der Waagerechten und die (resultierenden) Zustände in der Senkrechten abgebildet:

		E_g^n	
		50	100
	0	50, nichts	100, nichts
S_n^k	50	100, nichts	0, Fahrkarte
	100	0, Fahrkarte	0, Fahrk. +50

Tab. 11.1.2: Automatentafel für Fahrkartenautomat nach Mealy

11.1.3 Das Programmablaufdiagramm

Um einen ersten Eindruck von der Funktion eines Automaten gewinnen zu können sind Automatengraphen essentiell und verschaffen einen schnellen Überblick über alle Funktionen. Bei Umsetzung der Aufgabenstellungen hat sich allerdings erwiesen, dass eine sequentielle Darstellung der Abläufe in einem Programmablaufdiagramm einfacher ist. Im Programmablaufplan werden die einzelnen Zustände des Automaten ebenfalls dargestellt. Diese Zustände dienen später zur Festlegung der Anzahl der Zustandsvariablen.

In diesem Zusammenhang seien für die bildliche Darstellung für das Programmablaufdiagramm folgende Formen definiert:

Grenzstelle:	Beginn / Anfang eines Programms	
Prozess:	Reaktion des Programms / Automaten auf Eingabe	
Übergang:	Übergang von einem Zustand zum nächsten durch Eingabe	
Abfrage:	Verzweigung / Abfrage der Eingangsvariablen	

(Def. nach DIN 66000)

In folgendem Beispiel soll das Programmablaufdiagramm für den Fahrkartenautomat nach dem Mealy-Prinzip aufgezeigt werden. Es ist zu beachten, dass verschiedene Eingaben (verschiedene Münzeingaben) zu unterschiedlichen Prozessen im Automaten führen.

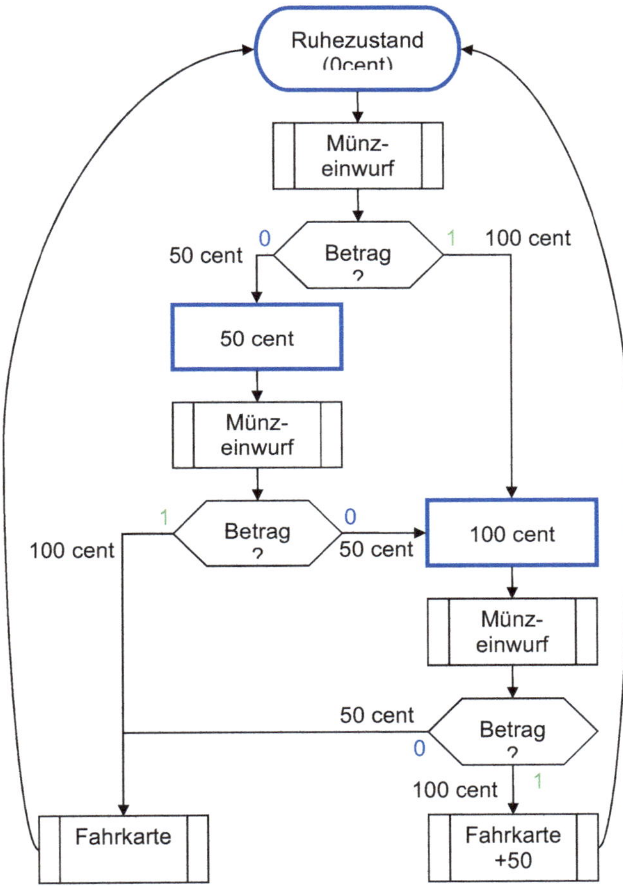

Abb. 11.1.3.1: Programmablaufdiagramm – Fahrkartenautomat nach Mealy

11.2 Entwurf eines Fahrkartenautomaten

Der nach Abb. 11.1.3.1 beschriebene Fahrkartenautomat weist 3 Zustände auf die durchlaufen werden können bevor die Fahrkarte und gegebenenfalls Wechselgeld ausgegeben werden:

0cent (Ruhe), 50cent, 100cent

Das Ablaufdiagramm zeigt weiterhin, dass durch die Verzweigungen maximal drei Münzeinwürfe möglich sind, bevor der Fahrkartenpreis von 1,50€ erreicht wird. Jedem Einwurf folgt die Betragsabfrage und Bildung des neuen Betrages im Speicher des Automaten.

Die Anzahl der Zustände gibt an, wie viele Variablen benötigt werden um den Fahrkartenautomat aufbauen zu können. Bei 3 unterschiedlichen Zuständen werden 2 Variablen benötigt:

	Q_1	Q_0
Zustand 1 (0cent)	0	0
Zustand 2 (50cent)	0	1
Zustand 3 (100cent)	1	0

Jeder Zustand wird über eine Betragsabfrage der eingeworfenen Münze erreicht. Diese Betragsabfrage ist die entscheidende Grösse (50cent oder 100cent) bzw. der entscheidende Zustand zur Bildung des Folgezustands (1 = 100cent ; 0 = 50cent).

Mit den bekannten Verfahren wird die Schaltfolgetabelle aufgestellt. In der letzten Spalte wird zusätzlich zum jeweiligen Folgezustand angegeben, ob eine Fahrkarte (F) und evtl. Rückgeld (R) ausgegeben wird.

Der Fahrkartenautomat soll in diesem Beispiel mit D-FFs realisiert werden.

Symbol	Charak. Gleichung	Ansteuerfunktion		

		Q^n	Q^{n+1}	D
		0	0	0
	$Q^{n+1} = D$	0	1	1
		1	0	0
		1	1	1

Q^n		Betrag?	Q^{n+1}		F	R		
$Q_1{}^n$	$Q_0{}^n$		$Q_1{}^{n+1}$	$Q_0{}^{n+1}$			D1	D0
0	0	0	0	1	0	0	0	1
		1	1	0	0	0	1	0
0	1	0	1	0	0	0	1	0
		1	0	0	1	0	0	0
1	0	0	0	0	1	0	0	0
		1	0	0	1	1	0	0

Tab. 11.2.1: Schaltfolgetabelle – Fahrkartenautomat

Aus der Schaltfolgetabelle werden die Funktionsgleichungen der einzelnen FF-Eingänge entnommen. Zusätzlich zu den Funktionsgleichungen der Schaltfolge, werden die Funktionsgleichungen zur Bestimmung der Fahrkarten- und Rückgeldausgabe bestimmt. Die einzelnen Funktionsgleichungen werden in KV-Diagramme eingesetzt um eine evtl. Vereinfachung durch Verschmelzung zu erreichen (Pseudotetraden dürfen in diesem Fall NICHT genutzt werden, bzw. müssen mit „0" beaufschlagt werden):

D_0:

$$\left(\overline{Q_1} \wedge \overline{Q_0} \wedge \overline{B}\right)=1 \qquad \left(\overline{Q_1} \wedge Q_0 \wedge B\right)=0$$

$$\left(\overline{Q_1} \wedge \overline{Q_0} \wedge B\right)=0 \qquad \left(Q_1 \wedge \overline{Q_0} \wedge \overline{B}\right)=0$$

$$\left(\overline{Q_1} \wedge Q_0 \wedge \overline{B}\right)=0 \qquad \left(Q_1 \wedge \overline{Q_0} \wedge B\right)=0$$

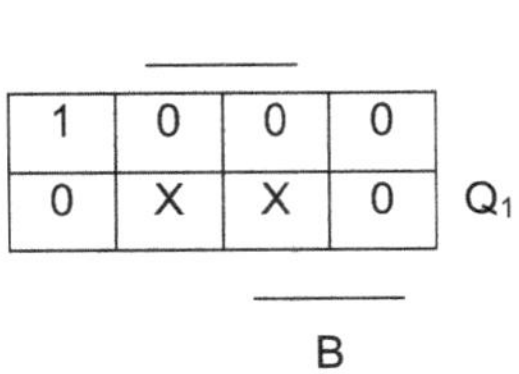

$$D_0 = \left(\overline{Q_0} \wedge \overline{Q_1} \wedge \overline{B}\right)$$

D_1:

$$\left(\overline{Q_1} \wedge \overline{Q_0} \wedge \overline{B}\right) = 0 \qquad \left(\overline{Q_1} \wedge Q_0 \wedge B\right) = 0$$

$$\left(\overline{Q_1} \wedge \overline{Q_0} \wedge B\right) = 1 \qquad \left(Q_1 \wedge \overline{Q_0} \wedge \overline{B}\right) = 0$$

$$\left(\overline{Q_1} \wedge Q_0 \wedge \overline{B}\right) = 1 \qquad \left(Q_1 \wedge \overline{Q_0} \wedge B\right) = 0$$

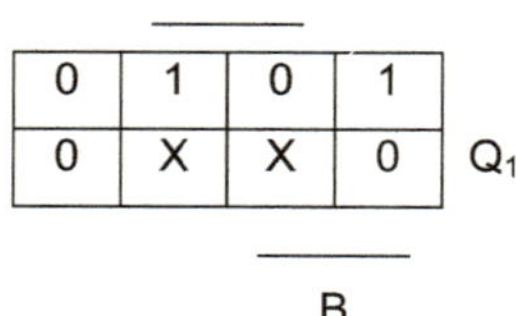

0	1	0	1	
0	X	X	0	Q_1

$$D_1 = \left(\overline{Q_0} \wedge \overline{Q_1} \wedge B\right) \vee \left(Q_0 \wedge \overline{Q_1} \wedge \overline{B}\right)$$

F:

$$\left(\overline{Q_1} \wedge \overline{Q_0} \wedge \overline{B}\right) = 0 \qquad \left(\overline{Q_1} \wedge Q_0 \wedge B\right) = 1$$

$$\left(\overline{Q_1} \wedge \overline{Q_0} \wedge B\right) = 0 \qquad \left(Q_1 \wedge \overline{Q_0} \wedge \overline{B}\right) = 1$$

$$\left(\overline{Q_1} \wedge Q_0 \wedge \overline{B}\right) = 0 \qquad \left(Q_1 \wedge \overline{Q_0} \wedge B\right) = 1$$

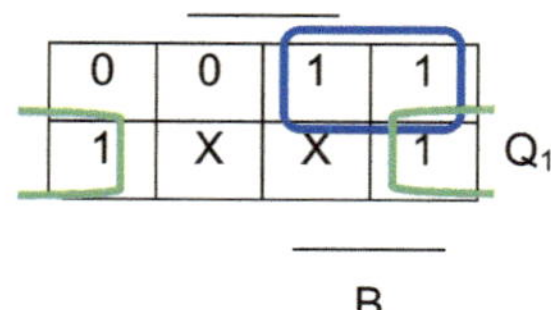

0	0	1	1	
1	X	X	1	Q_1

$$F = \left(\overline{Q_0} \wedge Q_1\right) \vee \left(\overline{Q_1} \wedge B\right)$$

R:

$$\left(\overline{Q_1} \wedge \overline{Q_0} \wedge \overline{B}\right) = 0 \qquad \left(\overline{Q_1} \wedge Q_0 \wedge B\right) = 0$$

$$\left(\overline{Q_1} \wedge \overline{Q_0} \wedge B\right) = 0 \qquad \left(Q_1 \wedge \overline{Q_0} \wedge \overline{B}\right) = 0$$

$$\left(\overline{Q_1} \wedge Q_0 \wedge \overline{B}\right) = 0 \qquad \left(Q_1 \wedge \overline{Q_0} \wedge B\right) = 1$$

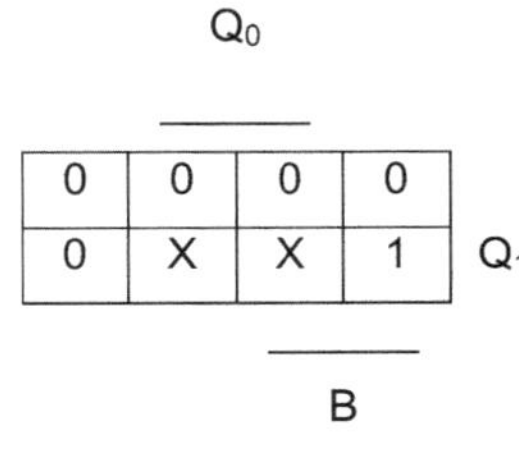

$$R = \left(Q_1 \wedge \overline{Q_0} \wedge B\right)$$

Die Gleichungen zum Aufbau des Fahrkartenautomaten lauten also:

$$D_0 = \left(\overline{Q_0} \wedge \overline{Q_1} \wedge \overline{B}\right)$$

$$D_1 = \left(\overline{Q_0} \wedge \overline{Q_1} \wedge B\right) \vee \left(Q_0 \wedge \overline{Q_1} \wedge \overline{B}\right)$$

$$F = \left(\overline{Q_0} \wedge Q_1\right) \vee \left(\overline{Q_1} \wedge B\right)$$

$$R = \left(Q_1 \wedge \overline{Q_0} \wedge B\right)$$

Beim Aufbau des Fahrkartenautomaten wird davon ausgegangen, dass der Betrag der eingeworfenen Münze ermittelt und durch einen logischen Zustand an die eigentliche Logik des Automaten herangeführt wird. In diesem Beispiel sei B = 0 für 50cent und B = 1 für 100cent.

Weiterhin wird davon ausgegangen, dass sich der Automat vor Einwurf der ersten Münze im Ruhezustand befindet (0cent im Speicher) und die nicht vorhandenen Zustände an den Ausgängen nicht erscheinen (Pseudozustände werden als solche behandelt, Fehlerhafte Ausgangszustände bleiben daher ohne Belang und werden von der Logik nicht abgefangen).

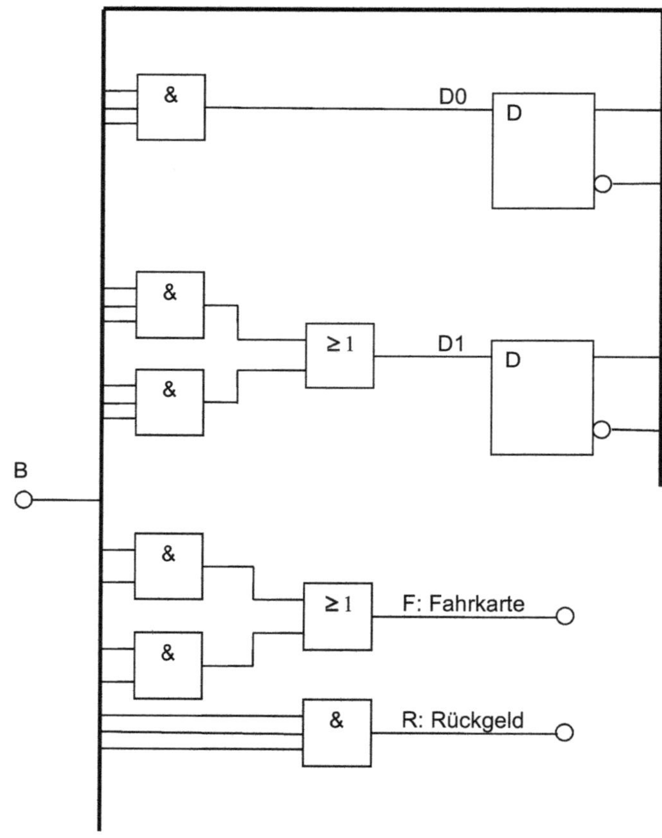

Abb. 11.2.2: Schaltdiagramm – Fahrkartenautomat

Formelsammlung zur Digitaltechnik

Theoreme:

$$A \wedge 0 = 0 \qquad\qquad A \vee 0 = A$$
$$A \wedge 1 = A \qquad\qquad A \vee 1 = 1$$
$$A \wedge A = A \qquad\qquad A \vee A = A$$
$$A \wedge \overline{A} = 0 \qquad\qquad A \vee \overline{A} = 1 \qquad\qquad \overline{\overline{A}} = A$$

Kommutativgesetze: Assoziativgesetze:

$$A \wedge B \wedge C = C \wedge A \wedge B \qquad A \wedge (B \wedge C) = (A \wedge B) \wedge C$$
$$A \vee B \vee C = C \vee A \vee B \qquad A \vee (B \vee C) = (A \vee B) \vee C$$

Distributivgesetze:

$$A \wedge (B \vee C) = (A \wedge B) \vee (A \wedge C) \qquad A \wedge (A \vee B) = A$$
$$A \vee (B \wedge C) = (A \vee B) \wedge (A \vee C) \qquad A \vee (A \wedge B) = A$$

De Morgansche Gesetze:

$$\overline{A \wedge B} = \overline{A} \vee \overline{B}$$
$$\rightarrow \qquad \overline{A \wedge B \wedge C \wedge D \wedge \ldots} = \overline{A} \vee \overline{B} \vee \overline{C} \vee \overline{D} \vee \ldots$$

$$\overline{A \vee B} = \overline{A} \wedge \overline{B}$$
$$\rightarrow \qquad \overline{A \vee B \vee C \vee D \vee \ldots} = \overline{A} \wedge \overline{B} \wedge \overline{C} \wedge \overline{D} \wedge \ldots$$

Tabellenverzeichnis

Abbildungsverzeichnis

Literaturverzeichnis

Beuth, K.; *Digitaltechnik – Elektronik 4*; 10., überarbeitete und erweiterte Auflage; Vogel Verlag Würzburg, 1998; ISBN 3-8023-1755-6.

Borgmeyer, J.; *Grundlagen der Digitaltechnik*; Carl Hanser Verlag München, 1997; ISBN 3-446-15624-0

Borucki, L.; *Digitaltechnik*; 5., überarbeitete Auflage; Teubner Verlag Stuttgart/ Leipzig/ Wiesbaden, 2000; ISBN 3-519-46415-2

Fricke, K.; *Digitaltechnik – Lehr- und Übungsbuch für Elektrotechniker und Informatiker*; Vieweg Verlag Braunschweig/Wiesbaden, 1999; ISBN 3-528-03861-6

Gotthardt, K.; *Grundlagen der Informationstechnik – Einführungen*; LIT Verlag Münster, 2005; ISBN 3-8258-5556-2

Lipp, H.M.; *Grundlagen der Digitaltechnik*; 3. Auflage; Oldenbourg Wissenschaftsverlag GmbH, 2000; ISBN 3-486-25493-6

Swoboda, J.: *Codierung zur Fehlerkorrektur und Fehlererkennung*; Oldenbourg Verlag München/Wien, 1973; ISBN 3-486-39371-5

Tietze, U.: Schenk, Ch.; *Halbleiter Schaltungstechnik*; 12. Auflage; Springer Verlag Berlin, 2002; ISBN 3-540-42849-6.

Urbanski, U.: Woitowitz, R; *Digitaltechnik – Ein Lehr und Übungsbuch*; 4., neu bearbeitete und erweiterte Auflage; Springer Verlag Berlin, 1997; ISBN 3-540-40180-6

Werner, M.; *Information und Codierung – Grundlagen und Anwendungen*; 2. Auflage; Vieweg + Teubner | GWV Fachverlage GmbH Wiesbaden, 2008; ISBN 978-3-8348-0232-3